DER ROTKEHLANOLIS
ANOLIS CAROLINENSIS

Jens Rauh

Anolis carolinensis
Foto: S. Walter

Inhalt

Bildnachweis
Titelbild: M. Schmidt
Kleines Bild: J. Rauh
Seite 1: Foto: M. Schmidt

1. Auflage 2004
2. Auflage 2007
3. Auflage 2010

ISBN 978-3-937285-27-6

An der Kleimannbrücke 39/41
48157 Münster
www.ms-verlag.de

Geschäftsführung: Matthias Schmidt
Lektorat: Heiko Werning & Kriton Kunz
Layout: Angela Neuhäuser
Druck: Druckhaus Fromm, Osnabrück

Vorwort

DER Rotkehlanolis (*Anolis carolinensis*) gehört zweifellos zu den am häufigsten im Zoo- bzw. Terraristikfachhandel angebotenen Reptilienarten. Er wird wohl in kaum einer Verkaufsanlage fehlen und gehört seit Jahren sozusagen zum „Standard". Trotz der enormen Häufigkeit, mit der er im Handel zu sehen ist, herrscht teils immer noch erschreckendes Unwissen über die richtige Pflege dieser Art. Das vorliegende Büchlein soll jedem, der sich für diese Echsen interessiert, ein Leitfaden sein, der es ihm ermöglicht, diese faszinierende und äußerst interessante Art über viele Jahre hinweg artgerecht zu pflegen und erfolgreich nachzuzüchten. Das ansprechende Aussehen, das umfangreiche Verhaltensrepertoire, die geringe Körpergröße, die relativ leichte Pfleg- und Nachzüchtbarkeit und nicht zuletzt der erschwingliche Preis machen den Rotkehlanolis zu ei-

Der Rotkehlanolis ist ein ideales Terrarientier. Foto: J. Rauh

nem begehrten und dankbaren Terrarienpflegling. Wer schon einmal die Gelegenheit hatte, eine Gruppe dieser Tiere in einem ausreichend beleuchteten und artgerecht eingerichteten Terrarium zu beobachten, der weiß um die Faszination, die von ihnen ausgeht. Anolis sind alles andere als langweilige Echsen. In ihrem Terrarium ist praktisch immer etwas los. Der interessierte Beobachter kann hier stundenlang vor dem Terrarium verweilen, ohne dass ihm dabei langweilig würde. Dies war z. B. für mich ein entscheidender Grund, mich zu Beginn meiner Terrarianerlaufbahn – vor über 18 Jahren – für eine Zuchtgruppe Rotkehlanolis zu entscheiden. Wer sich ernsthaft mit dem Gedanken trägt, tagaktive Echsen, die ihm ein nahezu unerschöpfliches Verhaltensrepertoire bieten, für die Terrarienhaltung anzuschaffen, dem kann ich den Rotkehlanolis nur wärmstens ans Herz legen.

Jens Rauh,
Bad Friedrichshall, im Herbst 2004

Beschreibung

DER Rotkehlanolis gehört zu den kleineren Anolis-Arten. Er verdankt seinen Namen der rot gefärbten Kehlfahne, die bei den Männchen besonders stark ausgeprägt ist. Als Kehlfahne wird der lappige Hautfortsatz in der Kehlregion der Anolis bezeichnet. Männliche Tiere können eine Gesamtlänge (GL) von bis zu 22 cm erreichen, bei einer Kopf-Rumpf-Länge (KRL) von 8 cm. Die Weibchen bleiben mit einer GL von 18 cm und einer KRL von 7 cm etwas kleiner. Auch von den Körperproportionen wirken die Weibchen zierlicher als ihre männlichen Artgenossen. Des Weiteren besitzen die Anolis-Männchen zwei verdickte Auswölbungen an der Schwanzunterseite unmittelbar hinter der Kloakenöffnung. Diese

Männchen mit aufgespannter Kehlfahne Foto: J. Rauh

WUSSTEN SIE SCHON?
Die Lebenserwartung des Rotkehlanolis liegt bei etwa acht Jahren.

Wölbungen werden durch das paarige Begattungsorgan hervorgerufen, das im Ruhezustand in der Schwanzunterseite verborgen liegt. Auch sind beim Männchen auf der Schwanzunterseite zwei vergrößerte Schuppen zu finden, die so genannten Postanalschuppen.

Rotkehlanolis variieren in ihrer Körperfärbung je nach Temperatur und Gemütszustand zwischen verschiedenen Grün- und Brauntönen in allen Abstufungen. Weibchen tragen bevorzugt eine bräunliche Körperfärbung, während Männchen die meiste Zeit des Tages in einem grünlichen bis leuchtend grünen Farbton erscheinen. Der Farbwechsel kann gleichmäßig, aber auch an verschiedenen Körperstellen unterschiedlich ausgeprägt auftreten. Nachts sind die schlafenden Rotkehlanolis meist einfarbig olivgrün. Die Bauchseite des Rotkehlanolis ist rein weiß. Vor allem Weibchen und Jungtiere besitzen zusätzlich eine weiße Rückenzeichnung entlang der Wirbelsäule.

WUSSTEN SIE SCHON?
Anolis carolinensis besitzt Haftlamellen (Haftpolster) an den Unterseiten der Zehen, die es ihm ermöglichen, sich auch auf sehr glattem Untergrund und sogar an senkrechten Glasscheiben geschickt und sicher fortzubewegen. Diese Haftpolster haben der Gattung *Anolis* auch die Bezeichnung „Saumfinger" eingebracht.

Weibchen: Schwanzwurzel ohne Hemipenistaschen, keine vergrößerten Postanalschuppen (rote Pfeile)
Foto: K. Grießhammer

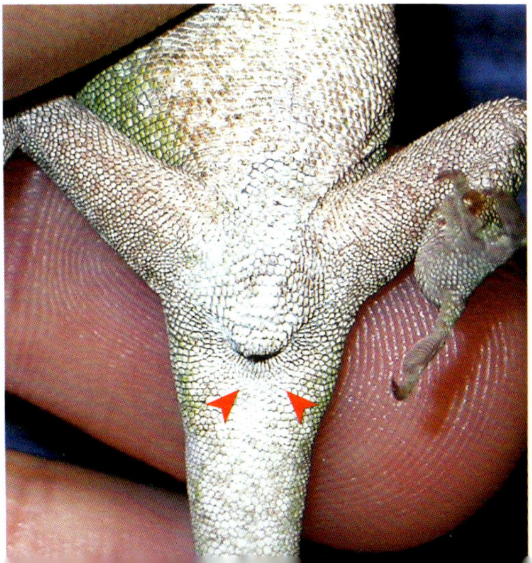

Männchen: deutlich sichtbare vergrößerte Hemipenistaschen, vergrößerte Postanalschuppen (rote Pfeile)
Foto: K. Grießhammer

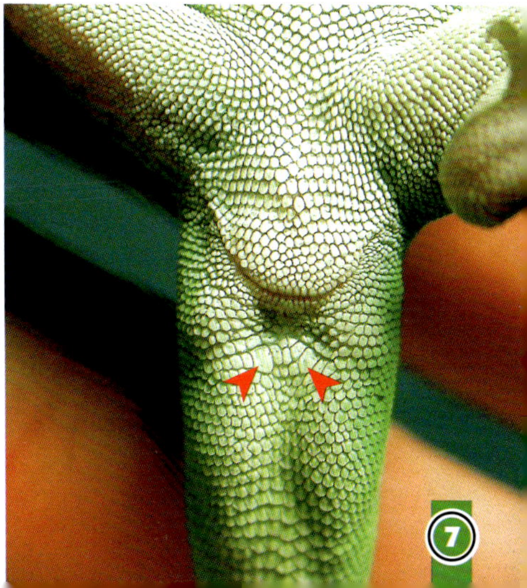

Verwandtschaft

DER Rotkehlanolis gehört wie alle Vertreter der Gattung Anolis (Saumfinger) zur großen Familie der Leguane (Iguanidae). Diese zählt zur Unterordnung der Echsen (Sauria), die wiederum gemeinsam mit den Schlangen zur Ordnung der Eigentlichen Schuppenkriechtiere (Squamata) gerechnet wird. Die Squamata bilden mit drei weiteren Ordnungen die Klasse der Kriechtiere (Reptilia). Wie alle Reptilien ist auch der Rotkehlanolis aufgrund seiner Anatomie und seines Stoffwechsels ein wechselwarmes (poikilothermes) Lebewesen. Dies bedeutet, dass Reptilien nicht in der Lage sind, ihre Körpertemperatur durch Verbrennung von Nahrung selbstständig aufrecht zu erhalten, sondern diese mittels der Umgebungstemperatur regulieren müssen. Dies geschieht durch das Aufsuchen bzw. das Meiden von Wärmequellen (direkte Sonnenstrahlung, Heizstrahler etc.).

Wie bei allen Reptilien wächst auch beim Rotkehlanolis die mit kleinen Hornschuppen bedeckte äußere Hautschicht nicht mit. Dies hat zur Folge, dass sie in gewissen Zeitabständen durch eine etwas größere ersetzt wird. Dieser Vorgang wird Häutung genannt. Den Beginn einer Häutung erkennt man an einer zunehmenden Eintrübung der gesamten Anolis-Haut. Das Schuppenkleid verblasst und wirkt fahl. Die alte, zu klein gewordene und abgenutzte Hautschicht löst sich in Fetzen und wird an rauen Gegenständen abgestreift

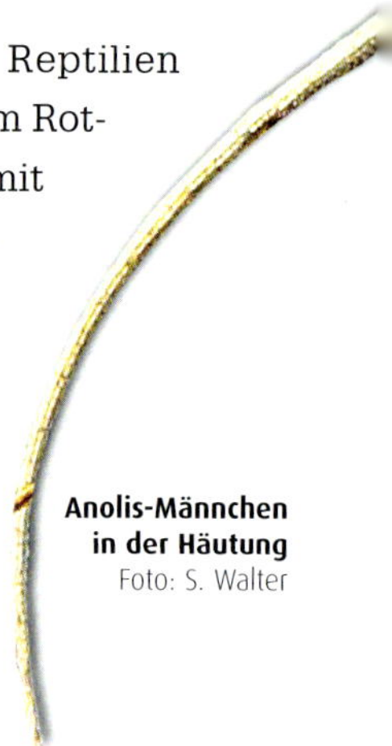

Anolis-Männchen in der Häutung
Foto: S. Walter

WUSSTEN SIE SCHON?

Der Rotkehlanolis ist fraglos die bekannteste Art in unseren Terrarien, aber auch viele andere Anolis eignen sich hervorragend für die Terrarienhaltung. Viele Liebhaber beschäftigen sich intensiv mit diesen hübschen Echsen, und oft kann man über sie auch an Nachzuchten anderer Arten gelangen. Ein umfassendes und sehr empfehlenswertes Buch über die gesamte Gruppe der Anolis liegt von Fläschendräger & Wijffels (Natur und Tier - Verlag) vor.

bzw. aktiv mit dem Maul abgezogen. Nach vollständig abgeschlossener Häutung ist die Farbintensität der Anolis am größten. Sie erscheinen in einem vollen, satten und glänzenden Grün. Der Abstand von Häutung zu Häutung ist abhängig vom Alter der Tiere. Jungtiere häuten sich aufgrund des schnelleren Wachstums häufiger als adulte (geschlechtsreife) Exemplare.

Rotkehlanolis werden aus Florida nach Europa importiert. Da sich in Florida auch andere Anolis-Arten angesiedelt haben, kann es passieren, dass diese gelegentlich im Handel fälschlich als *A. carolinensis* deklariert auftauchen.

- *Anolis cristatellus cristatellus* stammt eigentlich von Puerto Rico und den Virgin Islands. Die Art ist ungefähr so groß wie *A. carolinensis* und ähnelt ihm etwas. Allerdings hat *A. cristatellus* einen kleinen Rücken- und Schwanzkamm, die Färbung geht eher ins Bräunliche bis Gräuliche und die Tiere sind häufig mit dunkleren Bändern auf dem Körper und dem Schwanz gezeichnet. Die Kehlfahne der Männchen ist oliv, gelblich bis orange- oder senffarben, jedoch nie wie beim Rotkehlanolis gefärbt.

- *Anolis chlorocyanus* stammt von Hispaniola und ähnelt dem Rotkehlanolis in Größe und Färbung, jedoch ist die Schnauze von *A. chlorocyanus* lang gezo-

Anolis distichus in Florida
Foto: M. Schmidt

gener. Weibchen lassen sich außerdem gut durch 2–4 Seitenstreifen bei *A. chlorocyanus* unterscheiden (fehlen allerdings bei der Unterart *A. c. cyanostictus*), Männchen haben eine bläuliche Kehlfahne.

- Auch *Anolis cybotes cybotes* stammt eigentlich von Hispaniola, und auch er ist etwa so groß wie der Rotkehlanolis, jedoch ist sein Kopf deutlich massiger, und er zeigt nie das einheitliche Grün von *A. carolinensis.* Stattdessen ist *A. c. cybotes* braun gefärbt und oft mit verschiedenen Streifen gemustert. Auch der aufrichtbare Nackenkamm der Männchen sowie die gelbliche Kehlfahne unterscheiden die Art recht gut. Weibchen zeigen im Gegensatz zu Rotkehlanolis gelbliche Flecken auf Rücken und Schulter.

- *Anolis distichus* stammt ursprünglich von Hispaniola sowie den Bahamas. Die Tiere bleiben mit einer Gesamtlänge von maximal 12,7 cm deutlich kleiner als Rotkehlanolis und unterscheiden sich leicht durch ihre Färbung, die an eine mit Flechten überzogene Baumrinde erinnert. Außerdem ist der Schwanz deutlich gebändert, die Kehlfahne ist gelblich.

- *Anolis porcatus* kommt von Cuba und wird gelegentlich als Terrarientier eingeführt. Auch bei ihm ist der Kopf lang gezogener und spitzer als beim Rotkehlanolis. Ein ausgeprägter heller Rückenstreifen wird von Weibchen oft, von Männchen seltener gezeigt. Männchen haben eine weinrote Kehlfahne mit weißlichen bis bläulichen Schuppen sowie einen aufrichtbaren Hautsaum auf dem Nacken.

Häufig im Handel ist zudem *Anolis sagrei,* der Bahamas-Anolis. Er ist ähnlich groß, jedoch immer bräunlich gefärbt. Männchen zeigen gelbliche Flecken auf den Flanken, Weibchen eine sehr deutlich ausgeprägte aufgehellte und seitlich stark „ausgefranste" Rückenlinie. Männchen haben oft einen auffälligen Rückenkamm, ihre Kehlfahne ist geblich bis leuchtend orange.

Der Ritteranolis (*Anolis equestris*) und der Jamaica-Anolis (*Anolis garmani*) sind zwar auch nach Florida eingeschleppt worden, werden jedoch erheblich größer als der Rotkehlanolis und sind zudem deutlich teurer, sodass hier mit irrtümlichen Verwechslungen im Handel nicht zu rechnen ist...

Verbreitung und Lebensraum

DER Rotkehlanolis ist im Südosten der USA von Südost-Virginia bis Florida und nach Westen bis Südost-Oklahoma und Zentral-Texas beheimatet. Eine isolierte Population ist aus Nordost-Mexiko bekannt. Die Art ist wohl auch verschleppt worden – jedenfalls liegen Berichte von Vorkommen z. B. auf Hawaii oder sogar in Japan vor.

Er besiedelt als baumbewohnende (arboreale) Echse die Wald- und Strauchlandschaften seines Verbreitungsgebietes, in dem man ihn sowohl in Laubwäldern als auch in vom Menschen angelegten Plantagen findet. *Anolis carolinensis* rückt als Kulturfolger bis in die Nähe menschlicher Siedlungen und Behausungen vor. Der Rotkehlanolis ist in seinem Verbreitungsgebiet oft sehr zahlreich anzutreffen.

Verhalten

ANOLIS carolinensis ist tagaktiv und Wärme liebend. Dadurch ist es dem Pfleger möglich, das interessante Verhaltensspektrum bei voller Beleuchtung zu beobachten und eingehend zu studieren. Dies ist bei dämmerungs- oder gar nachtaktiven Pfleglingen, wie z. B. den meisten Geckos, nicht so ohne Weiteres machbar. Aus diesem Grund wird der Rotkehlanolis gegenüber dämmerungs- und nachtaktiven Arten häufig bevorzugt für die Terrarienpflege ausgewählt.

Wie die überwiegende Zahl der Anolis-Arten lebt auch der Rotkehlanolis sehr revierbewusst und territorial. Dies bedeutet, dass die Männchen einen entsprechenden Raum als ihr Revier beanspruchen und dieses gegen das Eindringen fremder Männchen hartnäckig und äußerst wehrhaft verteidigen. Diese Revierverteidigung kann von einfachem Kopfnicken und Androhen des Eindringlings mit maximal aufgespannter Kehlfahne bis hin zu einem aktiven Angriff reichen. Dabei gehen die rivalisierenden Männchen keineswegs zimperlich miteinander um. Verlässt ein herannahendes Männchen sofort zu Beginn der ersten Drohgebärden des Revierinhabers dessen Territorium fluchtartig, so hat er in aller Regel keine weiteren Konsequenzen zu befürchten. Flieht er jedoch nicht und erwidert die Drohgebärden ebenfalls mit Nickbewegungen und Aufspannen der Kehlfahne, so ist ein Kampf unter den Kontrahenten nicht mehr vermeidbar. Der Angriff selbst ging bei meinen Beobachtungen immer vom Revierinhaber aus. Der Eindringling kontert jedoch blitzschnell mit einem Gegenangriff bzw. einer Abwehrreaktion. Dauer und Intensität dieser Revierkämpfe sind von der Beharrlichkeit der Kontrahenten abhängig. Die Auseinandersetzungen enden erst, wenn eines der Tiere das andere in die Flucht geschlagen hat. Nicht selten kommt es dabei zu mehr oder weniger ernsten Beschädigungen der Streithähne. Diese reichen von leichten Bissspuren über ausge-

Rotkehlanolis-Biotop in Florida Foto: M. Schmidt

kugelte Vorder- und Hinterbeine bis hin zu schweren Verletzungen, wie z. B. gebrochenen Kiefern.

Dies macht deutlich, dass bei der Terrarienhaltung auf keinen Fall zwei Männchen miteinander vergesellschaftet werden dürfen, auch nicht kurzzeitig. Weibchen und noch nicht geschlechtsreife Männchen hingegen können sich in den Revieren der adulten Männchen frei und unbehelligt bewegen.

Die Weibchen sind untereinander wesentlich verträglicher. Es kann sich im Laufe der Zeit aber auch unter ihnen eine Dominanz eines Weibchen herausbilden, das sich bevorzugt mit dem Männchen paart und die anderen Weibchen mehr oder weniger zu unterdrücken versucht. IIier ist die genaue Beobachtung durch den Pfleger erforderlich, um eine solche Situation frühzeitig zu erkennen und ggf. die entsprechenden Gegenmaßnahmen einzuleiten. Meist hilft dabei nur das Trennen des dominanten Weibchens von der Gruppe. Häufig bildet sich eine solche Rangordnung unter den Weibchen aus, wenn z. B. ein neues Weibchen zu einer bestehenden Gruppe dazugesellt wird. Will man zu einer alteingesessenen Rotkehlanolis-Gruppe ein weiteres Weibchen setzen, empfehle ich daher eine komplette Reinigung und Umgestaltung (Neueinrichtung) des Terrariums, um danach alle Tiere, inklusive des Neulings, in den „neuen“ Behälter gemeinsam einzusetzen. Nun sind alle Terrarieninsassen sozusagen „gleichberechtigt“ fremd, und es bestehen keine Reviere und Heimvorteile alteingesessener Exemplare. Die Gruppe muss sich also von Grund auf neu ordnen, was die Integration des Neuzugangs wesentlich erleichtert.

Wie ich bereits eingangs erwähnte, sind Rotkehlanolis alles andere als langweilige Terra-

rienbewohner. Die Kommunikation der einzelnen Anolis untereinander mittels Kopfnicken, Körperwippen, Aufstellen der Kehlfahne, einfach das gesamte Verhalten dieser kleinen Echsen lässt den Pfleger immer wieder neue faszinierende Beobachtungen machen.

Beim Rotkehlanolis handelt es sich von Natur aus um eine etwas scheuere Echse, die bei Belästigung ihr Heil in der Flucht sucht. Bei frisch erworbenen Exemplaren – vor allem, wenn es sich um Wildfänge handelt – ist das Fluchtverhalten besonders stark ausgeprägt. Die Tiere laufen bei der kleinsten Störung hektisch im Terrarium umher und versuchen zu flüchten. Dieses Verhalten legt sich aber in den nächsten Tagen und Wochen, wenn der Pfleger ruhig mit ihnen umgeht und die Anolis lernen, dass ihnen keine Gefahr droht. Nachzuchttiere verhalten sich hier viel umgänglicher. Sie sind seit dem Schlupf an die täglichen Pflegearbeiten im Terrarium und das Vorbeilaufen von Personen gewöhnt. Ich selbst hatte schon eigene Nachzuchttiere, die bei Reinigungsarbeiten regelmäßig auf meine Hände oder Arme sprangen, um an vorderster Front mitzubekommen, was denn da jetzt gespielt wurde. Solche „zahmen" Exemplare fressen dem Pfleger auch problemlos Futterinsekten aus der Hand und zeigen ihm gegenüber so gut wie keine Scheu. Bei der Jagd wird das Futtertier mit den Augen anvisiert. Sobald es sich in erreichbarer Nähe befindet, wird es nach einem kurzen Sprung sicher mit dem Maul gepackt, zerkaut und geschluckt.

Rotkehlanolis zeigen im Terrarium ein vielseitiges Verhalten. Foto: S. Walter

Gesetzliche Bestimmungen

GESETZE in Form artenschutzrechtlicher Bestimmungen, wie beispielsweise das Washingtoner Artenschutzabkommen (WA), finden bei der Pflege von *Anolis carolinensis* keine Anwendung, da diese Art nicht als bedroht gilt und somit unter keinem speziellen Schutz steht.

Natürlich muss beim Umgang aber die Einhaltung des Tierschutzgesetzes beachtet werden. Im Mietrecht gelten kleine Echsen wie Anolis als „Kleintiere“, deren Haltung auch durch Verbotsklauseln im Mietvertrag vom Vermieter nicht untersagt werden kann (sofern nicht z. B. durch entwichene Futtertiere objektive Störungen der Hausgemeinschaft auftreten).

Wo kaufe ich meinen Rotkehlanolis?

GRUNDsätzlich ist es nicht sehr schwierig, an Rotkehlanolis zu gelangen. Jedes größere gut sortierte Zoofachgeschäft hat mittlerweile eine mehr oder weniger umfangreiche Terraristikabteilung, in der man mit sehr hoher Wahrscheinlichkeit Rotkehlanolis in einem der Verkaufsterrarien finden wird. Ist dies nicht der Fall, wird ein guter Zoofachhändler bemüht sein, Ihnen diese Echsen zu besorgen, was in der Regel auch problemlos ist.

Ein weiterer Weg, diese Tiere für Ihr Terrarium zu bekommen, führt über die speziellen Terraristikfachgeschäfte. Diese inserieren regelmäßig in Fachzeitschriften wie der REPTILIA. Hier lässt sich meist auch ein Fachgeschäft in erreichbarer Nähe ausfindig machen.

Die dritte Möglichkeit ist der Besuch einer Terrarienbörse, die mittlerweile fast das ganze Jahr über in vielen größeren Städten der Bundesrepublik abgehalten werden. Auch hier bekommt man Rotkehlanolis regelmäßig angeboten. Und schließlich kann man sich direkt an Halter und Züchter wenden, die Rotkehlanolis abgeben. Der Kontakt lässt sich leicht über Kleinanzeigen in REPTILIA oder dem Anzeigenjournal für DGHT-Mitglieder herstellen (siehe „Weitere Informationen“).

Ein anderer Faktor aber ist der Zustand der zum Kauf angebotenen Exemplare. Dieser ist erfahrungsgemäß leider nicht immer akzeptabel. Bei den im Zoogeschäft zu sehenden Rotkehlanolis handelt es sich, obwohl die Art relativ leicht in menschlicher Obhut vermehrt werden kann, fast ausnahmslos um Wildfänge. Das bedeutet, dass die Tiere der freien Natur entnommen wurden. Durch die Zwischenhälterung und die lange Reise vom Ursprungsland bis in die Terrarien der Händler sind die Tiere häufig in einem schlechten Allgemeinzustand. Oft sind sie mit Wasser und Futter unterversorgt, werden beim Großhändler unzureichend gepflegt und weisen Innenparasiten wie z. B. Würmer auf, die ihnen unter Terrarienbedingungen in Verbindung mit Stress und Ortswechsel das Leben schwer machen.

Aus diesem Grund ist es wichtig, nicht gleich im nächstbesten Geschäft die ersten angebotenen Tiere zu kaufen, sondern sich erst einmal einen Überblick über die Haltungsbedingungen und den Gesundheitszustand der Anolis zu verschaffen. Nur wenn man sich relativ

DER PRAXISTIPP

Bei der Auswahl von Terrarientieren ist das billigere Tier nicht zwangsläufig das bessere. Ein Verkäufer, der seine Tiere ordentlich pflegt, hat höhere Kosten für Strom, Wasser, Futter, Vitamine usw., die sich selbstverständlich auf den Abgabepreis auswirken. Am besten ist es, wenn man Nachzuchten des Rotkehlanolis bekommen kann.

Jungtier im Aufzuchtterrarium Foto: J. Rauh

sicher ist, dass die angebotenen Tiere gesund sind und bisher in einem gepflegten Verkaufsterrarium untergebracht waren, sollte man sich zum Kauf entscheiden.

Ein weiterer nicht unwichtiger Punkt ist die Sachkenntnis des Verkäufers. Denn nur, wenn er über ausreichendes Fachwissen verfügt, kann er die Echsen bisher artgerecht und hinreichend gepflegt haben. Außerdem ist man als Neuling oft froh, wenn man auch einige Zeit nach dem Kauf auf einen qualifizierten Ansprechpartner zurückgreifen kann. Hier führt erfahrungsgemäß der erste Weg immer über den Verkäufer, von dem man die Tiere erhalten hat.

Hat man eine geeignete Bezugsquelle ausfindig gemacht, geht es darum, den Gesundheitszustand des Rotkehlanolis richtig einzuschätzen. Hierzu muss man sich zu allererst die Zeit nehmen, die Echsen in ihrem Terrarium ausgiebig zu beobachten. Die Anolis müssen munter sein und einen „klaren" Blick haben. Das bedeutet, sie müssen aufmerksam ihre Umgebung beobachten. Gesunde Rotkehlanolis reagieren bei Störungen mit Flucht. Exemplare, die teilnahmslos im Behälter liegen und durch nichts

„Zahme" Rotkehlanolis kommen sogar auf die Hand. Foto: J. Rauh

„aus der Ruhe zu bringen" sind, sind in aller Regel krank und sollten nicht gekauft werden. Die Haut darf keine nässenden Wunden oder Beulen aufweisen, und Augen, Nase und Kloakenregion müssen frei von Verkrustungen und Belägen sein. Darüber hinaus muss auch der Ernährungszustand des Anolis beurteilt werden. Größere Hautfalten, hervorstehende Rippen, Beckenknochen und eine eingefallene Schwanzregion sind deutliche Zeichen für eine bestehende Erkrankung. Hier sollte unbedingt vom Kauf abgesehen werden.
Kauft man die Tiere direkt vom Züchter, entfallen die vorgenannten „Problempunkte" in der Regel. Der Züchter hat die besten Erfahrungen im Umgang mit den Tieren und kann detaillierte Tipps geben. Nachzuchttiere sind an die Terrarienpflege gewohnt und haben weit weniger schlechte Erfahrungen mit dem Menschen gemacht. Sie sind in aller Regel parasitenfrei und auch sonst in gutem bis sehr gutem Allgemeinzustand sowie wesentlich umgänglicher als ihre aus der Natur entnommenen Artgenossen. Ich empfehle, nach Möglichkeit unbedingt auf Anolis-Nachzuchten zurückzugreifen.

Männchen zwischen Pflanzenblättern Foto: J. Rauh

Transport und Quarantäne

WENN Sie nun gesunde Rotkehlanolis gefunden haben, die Sie gerne kaufen möchten, stehen Verpackung und Heimtransport bevor. Normalerweise verfügt der Verkäufer über geeignetes Verpackungsmaterial, jedoch ist es immer besser, wenn man seine eigenen Dosen (z. B. leere sog. Heimchendosen) selbst mitbringt. Die Verpackungen der Händler sind oft schon mehrfach benutzt und können daher mit Krankheitserregern behaftet sein.

In die Dose legt man ein zerknülltes Blatt Küchenpapier, an dem die Anolis Halt und Deckung finden. Des Weiteren werden eventuelle Ausscheidungen von diesem Papier sofort aufgesaugt. Man sollte darauf achten, dass jedes Exemplar zum Transport einzeln untergebracht wird. Für den Heimtransport muss zusätzlich eine thermostabile Verpackung zur Verfügung stehen, wie z. B. eine Styroporkiste oder eine Kühlbox. Dort stellt man die einzelnen Dosen mit den Rotkehlanolis hinein. Somit sind sie ausreichend vor Hitze- bzw. Kälteeinwirkung geschützt und auch vor herabfallenden Gegenständen sicher. Im Winter sollte zusätzlich eine Wärmflasche in die Transportbox gepackt werden, um ein Absinken der Temperatur auf schädliche Werte zu verhindern.

Zu Hause angekommen, sollten die Rotkehlanolis nicht gleich in das komplett eingerichtete „Dauer-Terrarium" gesetzt werden. Zuvor ist vielmehr die Durchführung einer so genannten Quarantäne rat-

In einer solchen Styroporbox kann man die Behälter mit den Anolis gut nach Hause transportieren. Foto: M. Barts

sam. Unter Quarantäne versteht man das Pflegen der Tiere unter einer Art „Krankenhausbedingungen“. Hygiene und Zweckmäßigkeit der Behältereinrichtung stehen hier im Vordergrund. Dadurch wird ein schnelles und einfaches Reinigen und Desinfizieren des Terrariums und seiner Einrichtung ermöglicht – dies wäre in einem vollständig eingerichteten Schauterrarium nicht der Fall. Der Boden des Quarantäneterrariums wird mit Fließpapier ausgelegt. Danach werden dann zahlreiche Klletteräste und auch die ein oder andere Kunststoffpflanze als Versteck- und Rückzugsmöglichkeit eingebracht, die man bei Bedarf einfach aus dem Terrarium entfernen und wegwerfen bzw. gründlich desinfizieren kann. Schließlich vervollständigt ein kleineres Trinkgefäß die Einrichtung des Quarantäneterrariums. Die Klimabedingungen müssen jedoch den Bedürfnissen des Rotkehlanolis voll entsprechen und bereits vor dem Kauf eine Zeit lang kontrolliert worden sein. Die Quarantäne sollte über einen Zeitraum von etwa acht Wochen durchgeführt werden. In dieser Zeit werden die Anolis genauestens auf Krankheitsanzeichen und unnatürliches Verhalten hin beobachtet. Das Fließpapier sollte bei Verschmutzung täglich erneuert werden. Sind in der Quarantänezeit Anzeichen einer Erkrankung erkennbar, muss ein reptilienkundiger Tierarzt konsultiert werden. Solche Krankheitszeichen können z. B. Nahrungsverweigerung, Abmagerung, unnatürliches Verhalten, Durchfall etc. sein. Zusätzlich empfiehlt es sich, im Verlauf der Quarantäne zwei Kotproben beim Tierarzt oder einem entsprechend ausgestatten Institut zur Untersuchung einzureichen (siehe Kapitel „Weitere Informationen“). Wenn keine Krankheitsanzeichen zu beobachten sind und die Echsen ausreichend Nahrung zu sich nehmen, können sie in ihr endgültiges Terrarium übersiedeln.

Terrarienanlage bei einem Händler
Foto: M. Barts

Vergesellschaftung

EINE paarweise Haltung ist zwar möglich, ich empfehle jedoch eine Gruppe, bestehend aus einem Männchen und 2–4 Weibchen. Eine höhere Anzahl an Weibchen ist deshalb sinnvoll, weil die Männchen in der Paarungszeit sehr aktiv sind und die Weibchen stark bedrängen. Dies kann dazu führen, dass ein einzelnes Weibchen derart belästigt würde, dass es sich im Terrarium verkriecht, die Nahrung verweigert und letztendlich stirbt, wenn nicht rechtzeitig Gegenmaßnahmen ergriffen werden. Bei der Gruppenhaltung dagegen verteilen sich die Paarungsaktivitäten auf mehrere Weibchen, was es für das einzelne Individuum wesentlich stressfreier macht. Mehrere Männchen können aufgrund der starken Territorialität nicht in einem Terrarium gemeinsam untergebracht werden. Das dominante Männchen würde das unterlegene ständig androhen und im Behälter umherjagen, bis dieses schließlich stirbt. Selbst in einem 2 m^3 großen Terrarium gelang mir die gemeinsame Haltung zweier

Das Terrarium

DA der Rotkehlanolis baumbewohnend ist, kommt es bei der Auswahl des Terrariums besonders auf die Terrarienhöhe an. In dem Gutachten „Mindestanforderungen an die Haltung von Reptilien“, herausgegeben vom Bundesministerium für Ernährung, Landwirtschaft und Forsten vom 10. Januar 1997, wird als Terrarien-Mindestmaß für ein Pärchen das 6- x 6- x 8-fache der Kopf-Rumpf-Länge des größeren Tieres gefordert. Daraus errechnet sich also bei einer KRL von beispielsweise 7 cm ein Terrarium mit den Maßen 42 x 42 x 56 cm (Länge x Breite x Höhe). Für jedes weitere Tier sollen 15 % zur Grundfläche hinzugerechnet werden. Ich empfehle für eine Zuchtgruppe, bestehend aus einem Männchen und bis zu vier Weibchen (1,4), ein Standard-Glasterrarium mit den Maßen 80 x 50 x 70 cm (L x B x H), mit Schiebescheiben, Lochblech-Belüftung vorne unter den Schiebescheiben und Entlüftung in der Deckscheibe. Mit Terrarien dieser Abmessungen habe ich persönlich sehr gute Erfahrungen gemacht – größere Becken sind aber natürlich auch gut möglich.

Männchen nicht: Das dominante Tier stellte dem schwächeren Artgenossen fast ununterbrochen nach, bis dieser schließlich dem Druck nicht mehr standhielt und sich ständig im unteren Behälterdrittel versteckte. Es blieb mir nichts anderes übrig, als die Männchen zu trennen. Werden zwei Männchen bis zur Geschlechtsreife zusammen aufgezogen, zeigt das unterlegene Tier die typische Weibchenzeichnung und wächst langsamer.

Eine Vergesellschaftung mit anderen, etwa gleichgroßen Echsenarten (z. B. Geckos), die unter denselben Bedingungen zu pflegen sind, wäre denkbar. Ich selbst bin aber generell für eine artgetrennte Pflege von Terrarientieren und würde gerade dem Anfänger in der Anolis-Haltung von Vergesellschaftungsversuchen abraten. Auf die Vergesellschaftung mit anderen Anolis-Arten sollte unbedingt ganz verzichtet werden. Meinen Rotkehlanolis hatte ich lediglich für eine gewisse Zeit ein Pärchen Amerikanischer Laubfrösche (*Hyla cinerea*) zugesellt, die zu groß gewordene Futterinsekten wirkungsvoll vertilgten.

Beim Aufstellen eines Glasterrariums ist immer darauf zu achten, dass ein ebener und rutschfester Untergrund gewährleistet ist. Bereits kleine Unebenheiten oder übertragene Erschütterungen können zum Bruch von Glasscheiben führen. Um dies zu vermeiden, legt man unter den Glasboden immer eine im Handel erhältliche Moosgummimatte oder eine mindestens 1,5 cm starke Styroporplatte. Ein stabiler Untergrund in Form einer Schrank- oder Tischplatte muss vorhanden sein. Dabei muss das zu erwartende Endgewicht des vollständig eingerichteten Terrariums bedacht werden. Auch Aquarienunterschränke leisten gute Dienste. Das Terrarium sollte so aufgestellt werden, dass man auf einem Stuhl sitzend bequem in den Behälter sieht und die Anolis später beobachten kann, ohne sich strecken oder bücken zu müssen. Diese Höhe erleichtert auch die Pflegearbeiten erheblich.

ACHTUNG
Bei der Wahl des Standortes muss darauf geachtet werden, dass keine direkte Sonneneinstrahlung den Behälter überhitzen kann. Außerdem darf das vorherrschende Raumklima keinen negativen Einfluss auf das Terrarienklima haben (bei Tag und Nacht).

Die Technik

HABEN Sie das Terrarium nun fachgerecht aufgestellt, muss die Terrarientechnik installiert werden.

Zur leichten Erwärmung des Bodengrundes empfehle ich die Installation einer schwachen Heizmatte. Sie erwärmt den feuchten Bodengrund lokal auf ca. 25–28 °C, was zum einen eine erwünschte Erhöhung der Luftfeuchtigkeit zur Folge hat und zum anderen den trächtigen Weibchen eine Stelle schafft, an der sie die entsprechenden Bedingungen für eine Eiablage vorfinden. Dadurch wird auch die Suche nach abgelegten Eiern zu Inkubationszwecken erleichtert, da diese meist in der erwärmten Region im Bodengrund eingegraben liegen. Sollte einmal eine Eiablage unbemerkt vonstatten gehen, oder die abgelegten Eier sind nicht auffindbar, so sorgt die Wärme der Heizmatte für die nötigen Bedingungen, sodass auch eine Eientwicklung am Ablageort möglich ist. Eine Leistung von 12 Watt ist für diese Bodenheizung völlig ausreichend. Ich verwende die seit einiger Zeit im Terraristikfachhandel erhältlichen dün-

Einbringen der Heizmatte in eine Terrarienecke Foto: J. Rauh

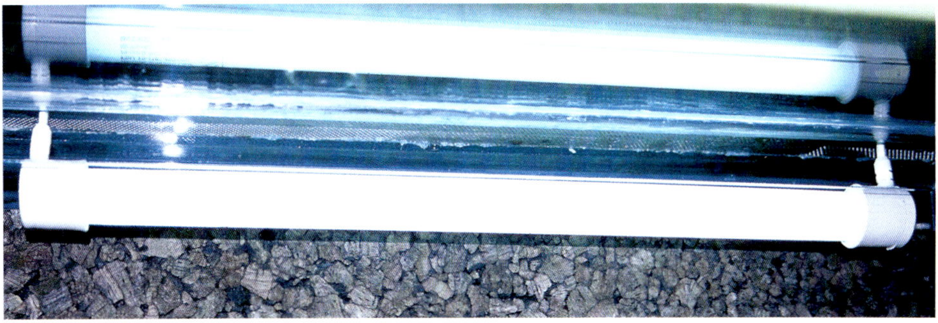

Die UV-Röhre muss im Terrarium installiert werden. Foto: Foto: J. Rauh

nen, aufklebbaren Matten, die sich verrutschsicher auf der Bodenscheibe platzieren lassen. Die Matte wird entweder an der rechten oder an der linken Seite des Terrarienbodens platziert, sodass eine kühlere und eine wärmere Ecke entstehen. Um die Kabel elektrischer Geräte aus dem Terrarium herauszuführen, löst man den Lochblechstreifen im Deckel mit einer scharfen Rasierklinge an einer Seite etwas ab und führt dort die Kabel nach draußen. Wenn später alle Kabel hindurchgeführt sind, wird ein entsprechend großes Loch aus dem Lochblech ausgeschnitten und dieses mit Silikon wieder am Glas festgeklebt.

Nun widmen wir uns der Beleuchtung des Anolis-Terrariums. Da es sich beim Rotkehlanolis um eine tagaktive Echse handelt, ist eine entsprechend helle Beleuchtung erforderlich, damit sich die Tiere wohl fühlen und ihr natürliches Verhaltensmuster zeigen. Bei einem Terrarium in der angegebenen Größe sind mindestens zwei Leuchtstoffröhren und ein Spotstrahler erforderlich, der zusätzlich noch als Wärmequelle zur Schaffung eines „Sonnenplatzes“ dient, an dem Temperaturen von 35 °C herrschen. Als Leuchtstoffröhren verwende ich eine handelsübliche Röhre in der Lichtfarbe „Tageslicht“ sowie eine spezielle „Reptilien-Leuchtstoffröhre“ mit UV-Licht-Anteil im Spektrum (ich benutze als Erstere Lampen der Fa. Osram, als UV-Licht abstrahlende Lampen „Arcadia D3 Reptile“). Beide Röhren haben eine Länge von 60 cm und eine Leistung von 18 Watt. Da UV-Strahlen von normalem Fensterglas fast gänzlich herausgefiltert werden, ist eine

Ein Reflektorstrahler, der außerhalb der Reichweite der Anolis angebracht werden muss, ist zum Aufwärmen auf eine Wurzel gerichtet. Foto: J. Rauh

DER PRAXISTIPP

Natürlich sind den Gestaltungsmöglichkeiten bei der Technik im Rotkehlanolis-Terrarium keine Grenzen gesetzt - die angegebene Ausstattung gibt lediglich die Bedingungen wieder, unter denen ich langjährige gute Erfolge bei der Haltung und Vermehrung von Rotkehlanolis hatte. Noch besser zur Beleuchtung eignen sich aber HQI- oder HQL-Strahler, und in größeren Terrarien müssen natürlich stärkere Wärmestrahler eingesetzt werden. Hier empfiehlt sich auch die Installation der neuartigen UV-Strahler, die es bereits mit einer Leistung von 100 W gibt.

Montage der UV-Röhre innerhalb des Terrariums notwendig. Auch die Weißton-Röhre bringe ich innen an. Betrieben werden beide Leuchtmittel mit sehr praktischen Vorschaltgeräten (z. B. der Firma Arcadia, 18 W). Diese sind in allen gängigen Wattstärken erhältlich und haben den großen Vorteil, dass nur die Fassungen und die Röhre im Terrarium platziert werden müssen, das Vorschaltgerät aber außerhalb angebracht werden kann. Im Lieferumfang sind Befestigungsklemmen enthalten, die in entsprechendem Abstand mit Silikon mittig an die Deckscheibe angeklebt werden. Nach Aushärten des Silikons werden die Röhren mit der Fassung versehen und einfach in die Halterungen „eingeclipst“. Handelsübliche Röhrenfassungen aus dem Baumarkt sind meist zu sperrig, um sie innerhalb des Terrariums einzusetzen. Das zusätzliche Anbringen eines passenden Reflektors erhöht bei Leuchtstofflampen generell die Lichtausbeute um bis zu 50 %.

Die Keramikfassung für den Spotstrahler kann je nach Ausführung auch einfach mit Silikon an die Terrariendecke geklebt werden. Man bringt den Strahler auf der Seite an, auf der sich auch die Heizmatte befindet. Dadurch ergeben sich eine warme und eine kühlere Zone im Behälter und somit das erforderliche Temperaturgefälle. Ich verwende in Terrarien der genannten Größe einen normalen Spotstrahler mit integriertem Reflektor und 40 Watt Leistung. Dieser ist in jedem Baumarkt erhältlich. Er muss so platziert werden, dass er später von den Tieren nicht erreicht werden kann, da sie sich daran schwere Verbrennungen zuziehen könnten. Eine weitere Möglichkeit ist die Absicherung des Strahlers mittels Drahtkorb. Der Strahler soll später im eingerichteten Becken auf einen exponierten Kletterast o. Ä. als Sonnenplatz gerichtet sein. Damit das Einschalten der Beleuchtung am Morgen und das Abschalten am Abend immer zur gleichen Zeit stattfinden, empfehle ich den Einsatz einer Zeitschaltuhr. Außerdem wird der Pfleger entlastet, der dann nicht immer von Hand ein- und ausschalten muss. Dadurch wird auch die eingestellte Tageslänge exakt eingehalten. Spotstrahler und Heizmatte werden ebenfalls über diese Zeitschaltuhr betrieben.

Eine Zeitschaltuhr erleichtert das Einhalten der exakten Tageslänge. Foto: M. Barts

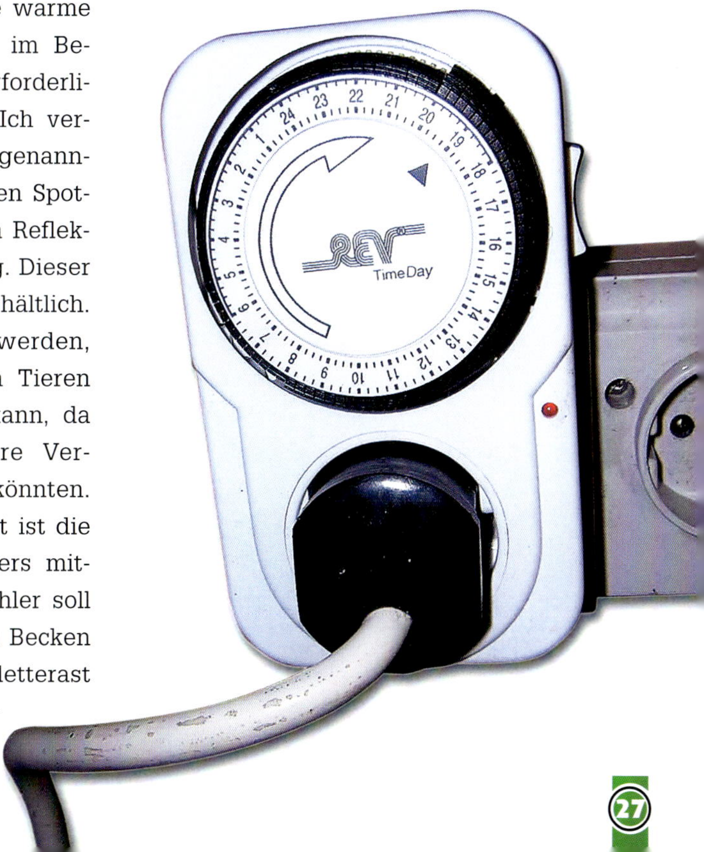

Die Einrichtung

NUN können Sie sich, nachdem alle Technikkomponenten im Terrarium installiert sind, der Einrichtung des Behälters widmen.

Um die Aktivitätsfläche für die Anolis zu vergrößern, werden die Rück- und Seitenwände von innen mit dunklen Presskorkplatten beklebt, die in einer geeigneten Stärke von 2 cm im Terraristikfachhandel erhältlich sind. Die Abmessungen der Platten betragen 100 x 50 cm. An diesen senkrechten Korkflächen halten sich die Rotkehlanolis bevorzugt auf. Die Korkplatten sollten nicht exakt bis unter die Deckscheibe des Terrariums reichen, sondern etwa 3–5 cm darunter enden. Dadurch entstehen weitere Bewegungs- bzw. Sitzmöglichkeiten. Diese werden gerne als Schlafplätze aufgesucht, und die Rotkehlanolis halten sich auch einen Großteil des Tages an diesen Stellen auf. Zusätzlich können natürlich auch kleine Plateaus an die Rückwand geklebt werden.

DER PRAXISTIPP
Die Presskorkplatten werden mittels Säge auf die entsprechende Größe zugeschnitten und mit Aquariensilikon direkt auf die Glasscheiben aufgeklebt. Es sollte darauf geachtet werden, dass ein durchgehender Silikonstrang ca. 2 cm von den Seitenrändern entfernt rings um die Platte aufgebracht wird. Dadurch wird verhindert, dass nach dem Aushärten Lücken und Ritzen entstehen, durch die später Futterinsekten hinter die Rückwand gelangen können.

Nun kann der Bodengrund eingebracht werden. Hierzu verwenden Sie am besten ein Gemisch aus ungedüngter Blumenerde oder Torf und Sand. Als Mischung wählt man ein Gewichtsverhältnis von 1:1 und mengt die Substrate gut durch. Sehr gute Erfahrungen habe ich auch mit den so genannten Humusziegeln gemacht, die sich seit geraumer Zeit am Markt etabliert haben. Das Bodensubstrat sollte 8–10 cm hoch eingefüllt werden, damit den Rotkehlanolis-Weibchen eine Eiablage ermöglicht wird. Das Bodensubstrat muss immer leicht feucht, darf aber nicht nass sein. Ein Torf-Sand-Gemisch mit richtigem Feuchtigkeitsgrad hat eine Farbe wie frisch gemahlener Bohnenkaffe. Eine Drainageschicht aus Tonkugeln (Hydrokultur), die etwa 2–3 cm hoch unter dem Bodensubstrat eingebracht wird, ist empfehlenswert. Dadurch kann eingebrachtes Sprühwasser durch das Boden-Gemisch nach unten sickern und sammelt sich zwischen den Tonkügelchen bzw. wird von diesen aufgenommen.

Ohne diese Drainageschicht sammelt sich überschüssiges Wasser direkt im Substrat und führt mit der Zeit zu dessen völligem Durchnässen.

Nun können die Kletteräste in den Behälter integriert werden. Diese sind für die baumbewohnenden Rotkehlanolis sehr wichtig und sollten reichlich angeboten werden. Hierzu eignen sich sämtliche einheimischen Gehölze (Vorsicht bei Ästen von Obstbäumen wegen möglicher Spritzmittel) oder entsprechendes Wurzelmaterial aus dem Fachhandel. Die Klet-teräste sollten schön verzweigt sein und den Echsen ausreichend Klettermöglichkeiten bieten. Wichtig ist das Anbringen einiger Kletteräste im Strahlungsbereich des Reflektorstrahlers. Diese „Sonnenplätze" ermöglichen es den Anolis, sich auf die Vorzugstemperatur aufzuwärmen.

Als nächster Schritt steht das Bepflanzen bevor. Geeignet sind prinzipiell alle Zimmerpflanzen, die nicht zu groß werden und mit den Klimaverhältnissen im Terrarium zurecht kommen. Ich verwende zur Bepflanzung meiner Anolis-Terrarien vorwiegend Dieffenbachien, Philodendren und Efeuranken. Diese Pflanzen gedeihen unter Terrarienbedingungen

Bekleben der Rück- und Seitenwände mit dunklen Presskorkplatten Foto: J. Rauh

Einbringen des Bodengrundes
Foto: J. Rauh

Hineinstellen der Terrarienpflanzen mit Topf
Foto: J. Rauh

recht gut und sind beim Gärtner relativ günstig zu erweben.
Des Weiteren ist darauf zu achten, dass keine Rückstände von Pestiziden an den Pflanzen haften; diese lassen sich einfach durch gründliches Abbrausen unter der Dusche entfernen. Pflanzen sollte man grundsätzlich mit dem Topf in das Terrarium stellen und nicht direkt in den Bodengrund einsetzen. Dadurch wird das Umstellen oder Herausnehmen bei Pflege- und Reinigungsarbeiten oder beim Bergen von Gelegen erleichtert. Im vorderen

Vollständig eingerichtetes Anolis-Terrarium mit Pflanzen, Steinen und Kletterästen
Foto: J. Rauh

Terrarienbereich sollte man die niedrigeren und im hinteren Bereich die höheren Pflanzen platzieren. Lebende Pflanzen sind aber nicht nur Dekoration, Versteck- und Klettermöglichkeit, sondern tragen auch zur Verbesserung des Terrarienklimas bei.

DER PRAXISTIPP

Rotkehlanolis bevorzugen Pflanzen mit großen Blättern, auf denen sie sich bequem aufhalten können.

Durch sinnvolles Anordnen von Pflanzen und Dekoration entstehen Reviergrenzen und Sichtschutz, damit sich die Rotkehlanolis bei Bedarf aus den Augen gehen können.

Eine weitere Gestaltung des Terrariums ist mit Steinen, Korkrindenstücken, Lianen etc. möglich. Sehr dekorativ wirken auch auf die Kletteräste aufgebundene Epiphyten (z. B. Bromelien), aus deren Blattkelchen die Anolis gerne trinken.

Obwohl die Echsen ihren Flüssigkeitsbedarf in aller Regel durch Aufnahme des Sprühwassers decken, muss ein Trinkwassergefäß aufgestellt werden. Hierzu genügt eine flache Schale von etwa 10 x 10 cm, und der Wasserstand muss nicht höher als 2–3 cm sein. Bei der Verwendung größerer bzw. tieferer Wassergefäße muss unbedingt ein größerer Stein in das Gefäß gelegt werden, damit ein Ertrinken der Rotkehlanolis verhindert wird. Aber auch sonst empfiehlt sich ein solcher „Ausstieg“, damit ins Wasser gefallene Futtertiere nicht zugrunde gehen.

Pflegearbeiten

BEI der Haltung des Rotkehlanolis sind bestimmte Pflegemaßnahmen notwendig, die täglich oder bei Bedarf durchgeführt werden müssen. Als Erstes ist immer die tägliche Kontrolle der Tiere zu nennen. Damit ist das optische Überprüfen und Einschätzen des Gesundheitszustandes gemeint. Hierbei achtet man in erster Linie auf das Verhalten, die Bewegungen, die Nahrungsaufnahme, den Ernährungszustand oder etwaige Auffälligkeiten. Dies ist unerlässlich, um eine be- oder entstehende Erkrankung frühzeitig erkennen und die geeigneten Gegenmaßnahmen möglichst schnell einleiten zu können.
Eine weitere wichtige täglich durchzuführende Pflegemaßnahme ist das Auswaschen der Trinkschale mit warmem Wasser und das Wiederauffüllen mit Frischwasser. Sind die Rotkehlanolis gezwungen, abgestandenes oder verunreinigtes Wasser zu trinken, kann dies zu Erkrankungen der Tiere führen.
Um die notwendige hohe Luftfeuchtigkeit zu erreichen und auch zu halten, ist ein tägliches

Durch regelmäßiges Sprühen benetzt man die Terrarieneinrichtung mit Wassertropfen, ...

Besprühen der Terrarieneinrichtung und der Tiere mit warmem Wasser erforderlich. Wie bereits erwähnt decken Rotkehlanolis den größten Teil ihres Wasserhaushalts durch Auflecken des Sprühwassers. Zum Sprühen bedient man sich einer Blumenspritze, die man in Blumenhandel oder Gartenbedarf erwerben kann. Damit wird ein feiner Sprühnebel erreicht. In der Regel genügt es, einmal am Tag zu sprühen. Es dürfen jedoch keine sintflutartigen Regenfälle simuliert werden. Ein leichtes Befeuchten von Dekoration, Pflanzen und Bodengrund ist ausreichend. Das Versumpfen des Bodengrundes dagegen ist in jedem Fall zu vermeiden (siehe Kapitel „Einrichtung", Hydrokultur). Das Gießen der Terrarienpflanzen wird bei Bedarf vorgenommen.

Die technischen Geräte sollten täglich auf einwandfreie Funktion hin geprüft werden. Defekte Röhren oder Strahler müssen schnellstmöglich ausgetauscht werden. Die UV-Licht-Röhre sollte etwa alle 6–12 Monate erneuert werden, da die Abgabe der ultravioletten Strahlen ab einer gewissen Brenndauer rapide abnimmt. Die Kontrolle von Temperatur und Luftfeuchtigkeit ist ebenfalls täg-

... die von den Rotkehlanolis gerne aufgeleckt werden. Fotos: J. Rauh

lich erforderlich. Die Exkremente der kleinen Echsen werden bei Bedarf entfernt, bevor sie durch die Wärme und die hohe Luftfeuchtigkeit zu schimmeln beginnen. Dasselbe gilt für Futterreste. Aus hygienischen Gründen wird der gesamte Bodengrund mindestens einmal pro Jahr komplett ausgetauscht und dabei der Behälter inklusive Einrichtung gründlich ausgewaschen und desinfiziert. Zur Desinfektion dürfen nur Präparate auf Alkohol- oder Peroxydbasis eingesetzt werden. Auf andere Substanzen reagieren Reptilien in der Regel schnell mit Vergiftungserscheinungen. Ich verwende zur Desinfektion meiner Terrarien 3-prozentiges Wasserstoffperoxyd, das in der Apotheke zu beziehen ist. Auch die im Fachhandel erhältlichen Desinfektionsmittel für den Terraristikbereich sind geeignet. Nach dem Einsatz von Desinfektionsmitteln muss man immer mit klarem Wasser nachspülen.

Sprühflasche Foto: M. Barts

Mit einer Sprühflasche wird das Anolis-Terrarium regelmäßig überbraust. Foto: J. Rauh

Die Feuchtigkeit im Terrarium ist auch wichtig, damit die Rotkehlanolis sich problemlos häuten können. Foto: S. Walter

Durch das tägliche Sprühen setzen sich die Scheiben mit der Zeit mit Kalkablagerungen zu. Diese können mittels Essig oder Zitronensäure leicht entfernt werden. Nach dem Einsatz von Essig werden das Terrarium kurz durchgelüftet und die Rotkehlanolis erst wieder eingesetzt, wenn der Essiggeruch verflogen ist. Auf die Fütterung, die ja auch zu den Pflegemaßnahmen gehört, gehe ich im Kapitel „Ernährung" ausführlich ein.

Bei der Häutung kann es hin und wieder vorkommen, dass sich Hautreste nicht vollständig ablösen, was oft ein Zeichen für eine zu trockene Haltung der Anolis ist. Diese Hautreste müssen vom Pfleger durch leichten Zug mit einer Pinzette entfernt werden, bevor sie richtig festkleben und z. B. die Zehen durch die alte Haut abgeschnürt werden können. In hartnäckigeren Fällen hilft ein Bad in einer geschlossenen Box mit lauwarmem Wasser (Wasserstand so hoch, dass der Anolis bequem darin stehen kann); nach etwa einer Stunde ist die Haut so weit eingeweicht, dass man sie leicht abziehen kann. Wiederholte Häutungsprobleme deuten auf Haltungsfehler (zu trockene Haltung, Mangelernährung) hin und müssen ursächlich bekämpft werden!

Ernährung

ROTkehlanolis ernähren sich in erster Linie von Insekten und Spinnen aller Art. Manche Exemplare nehmen hin und wieder auch kleine Happen süßes Obst, wie z. B. zerdrückte Banane, zu sich oder lecken zumindest daran. Will man seinen Anolis Obst anbieten, so schneidet man dieses in mundgerechte Stückchen und legt sie im Terrarium an einer Stelle aus, an denen sich die Echsen häufig aufhalten. Es sollte allerdings kein Ort gewählt werden, an dem hohe Temperaturen herrschen, da die Obststückchen sonst rasch verderben und nicht mehr genießbar sind.

Ich füttere meine Rotkehlanolis mit kleinen bis mittleren Grillen und Heimchen, Wachsmaden und deren Motten, Stubenfliegen, Fliegenmaden, kleinen Heuschrecken, Schaben, Mehlwürmern und Wolfsspinnen. Man sollte lieber mehrere kleinere Futtertiere anbieten als ein großes. Die Echsen müssen dann bei der Jagd aktiver sein, um ihren Hunger zu stillen. Für Jungtiere kommen „Mikro-Grillen" und „-Heimchen" (frisch geschlüpfte Larven) sowie winzige Wachsmaden und *Drosophila* (Fruchtfliegen) in Frage. Die erwachsenen Anolis füttere ich alle 2–3 Tage, wobei ich pro Tier und Fütterung etwa 3–4 mittelgroße Heimchen rechne. Jungtiere werden täglich gefüttert und bekommen so viel Nahrung, wie sie bewältigen können. Die Futtertiere setze ich entweder frei in das Terrarium (Grillen und Heimchen) oder werfe sie den Anolis

Das Anolis-Männchen hat ein Futtertier erbeutet. Foto: S. Walter

Weibchen mit einem erbeuteten Heimchen Foto: S. Walter

einzeln mit einer Pinzette vor (z. B. Wachsmaden, Mehlwürmer). Da der Panzer von Mehlwürmern sehr hart und nur schwer verdaulich ist, sollte man nur frisch gehäutete, noch weiße Exemplare anbieten. Auch Heimchen und Grillen können bei eingewöhnten Anolis direkt von einer längeren Pinzette angeboten werden. Diese zeitintensive Fütterungsmethode hat den Vorteil, dass sich die nachtaktiven Futterinsekten nicht in dem gut eingerichteten Behälter vor den Rotkehlanolis verstecken und erst in der Nacht hervorgekrochen kommen, wenn die Anolis schlafen. Außerdem hat man einen besseren Überblick, wann welches Tier wie viel Futter zu sich nimmt. Des Weiteren beschädigen oder verzehren frei laufende Heimchen und Grillen sämtliche Pflanzen im Terrarium. Eine abwechslungsreiche Ernährung ist – wie bei allen Echsen – auch beim Rotkehlanolis sehr wichtig. Dadurch wird auch verhindert, dass die Tiere eine Vorliebe für ein bestimmtes Futter entwickeln bzw. sich an einer Futtersorte „überfressen" und

Ein Weibchen nähert sich der Futterdose...

...packt ein Futtertier...

diese dann in Zukunft verschmähen. Außerdem sind die unterschiedlichen Fortbewegungsmethoden der einzelnen Futtertierarten eine zusätzliche Animation zum Fressen.

Sehr wichtig ist auch die regelmäßige Verabreichung von Vitaminen und Mineralstoffen, die ich in Pulverform anbiete. Beispielsweise Kalziummangel ist eine häufige Ursache bei Erkrankungen von in Terrarien gepflegten Anolis. Der Handel hält eine Vielzahl unterschiedlicher Präparate bereit. Ich selbst verwende seit vielen Jahren „Nekton-Rep“ (Vitamine) und „Nekton-MSA“ (Kalzium, Mineralstoffe, Spurenelemente). Damit werden alle Futtertiere direkt vor dem Verfüttern eingestäubt, indem man einen Messlöffel voll in eine leere Heimchendose gibt, die Futtertiere dazu setzt, kurz durchschüttelt und dann direkt verfüttert. Bei einer Fütterung verwende ich das Vitaminpräparat, bei der darauf folgenden das Mineralstoffgemisch, also immer im Wechsel. Besonders bei Jungtieren und trächtigen Weibchen ist eine ausreichende Versorgung mit Vitaminen und Mineralstoffen äußerst wichtig, da in beiden Fällen ein erhöhter Bedarf vorhanden ist – bei den Jungtieren zum

Aufbau des Knochengerüstes sowie für das Wachstum und bei den trächtigen Weibchen zur Schalenbildung der Eier und zur ausreichenden Versorgung des Dottervorrats mit Nährstoffen. Die Paarungsbereitschaft, die Qualität der abgelegten Eier und das Schlupfergebnis der Jungtiere stehen in engem Zusammenhang mit dem Ernährungszustand und der Vitamin- und Mineralstoffversorgung der Elterntiere. Herrscht eine Nährstoff-Unterversorgung vor, kann es zum Absterben der Embryonen während der Inkubation kommen. Es muss aber auch erwähnt werden, dass eine Überdosierung ebenso schädlich ist wie eine Unterversorgung; bei der beschriebenen Methode kommt es aber zu keinen Überdosierungsproblemen. Auch sollte man sich davor hüten, die Echsen zu überfüttern, da sie sonst schnell verfetten, dadurch eine wesentlich kürzere Lebenserwartung haben und sich die Fortpflanzungsbereitschaft verringert.

...und bringt seine Beute in Sicherheit. Fotos: J. Rauh

DER PRAXISTIPP

Die Qualität der Futterinsekten sollte vor dem Verfüttern aufgewertet werden, indem sie mindestens etwa 48 Stunden vor ihrer Verfütterung mit Obst und Gemüse gefüttert werden. Auf keinen Fall also sollten die Futterinsekten aus dem Handel ohne vorheriges Anfüttern angeboten werden. Dazu setzt man die Futtertiere samt Versteckmöglichkeiten wie Eierkartons oder Papier in Plastikterrarien, wo man sie mit Obst und Gemüse sowie Trockenfutter (Hundeflocken, Fischfutter) versorgt.

Klima

DIE Wahl des richtigen Terrarienklimas ist bei der erfolgreichen Pflege und Zucht des Rotkehlanolis ausschlaggebend. Hier sind also die entsprechenden Temperatur- und Luftfeuchtigkeitswerte strikt einzuhalten und zu gewährleisten. Dies gilt für die Tageswerte ebenso wie für die Nachtwerte. Rotkehlanolis benötigen zu ihrem Wohlbefinden Tagestemperaturen von 25–28 °C. Im Strahlungsbereich des Spotstrahlers können bis zu 35 °C erreicht werden. Diese Stelle wird von den Tieren nur kurzzeitig zum Erreichen ihrer Vorzugstemperatur aufgesucht. Nachts fallen die Temperaturen auf Werte von 18–22 °C ab, was durch das Abschalten aller Heiz- und Beleuchtungselemente erreicht wird. Die Luftfeuchtigkeit sollte am Tag nicht unter 50–60 % absinken und in der Nacht auf etwa 80 % ansteigen. Die Kontrolle der Temperatur geschieht mittels Thermometer und die Bestimmung der Luftfeuchtigkeit übernimmt ein Hygrometer. Beide Messinstrumente sind über den Fachhandel zu beziehen und werden am geeignetsten an der Rückwand des Terrariums befestigt. Dadurch wird ein einfaches Ablesen möglich. Die Messinstrumente dürfen nicht im direkten Strahlungsbereich einer Heizquelle installiert werden, sondern sollten sich im kühleren Terrarienbereich im oberen Behälterdrittel befinden. Zusätzlich empfiehlt sich der Einsatz von Fühler-Messinstrumenten, damit die Werte zu verschiedenen Zeitpunkten an verschiedenen Stellen im Terrarium leicht überprüft werden können. Es können sowohl analoge als auch digitale Thermo-/Hygrometer verwendet werden.

Zur Winterruhe lesen Sie nähere Angaben im Kapitel: Voraussetzungen zur Nachzucht.

Die bereits erwähnte UV-Licht-Bestrahlung ist meines Erachtens bei der Pflege des Rotkehlanolis auf jeden Fall zu gewährleisten. Sie ist nicht nur zur Bildung des Vitamins D_3 im Reptilienkörper und somit für den Kalziumstoffwechsel verantwortlich, sondern wirkt sich auch sehr positiv auf das Verhalten und die Aktivität der Tiere aus. Besonders bei der Aufzucht von Jungtieren sehe ich sie als unverzichtbar an, da hierdurch, in Verbindung mit ausreichenden Mineralstoffgaben, eine Knochenerweichung (Rachitis) wirkungsvoll verhindert wird.

Klimatabelle für Miami Beach (USA)

Monat	Temperatur in °C	Ø Max.-Temp. in °C	Ø Min.-Temp. in °C	Luftfeuchte in % (mittags)	Niederschlag in mm	Sonnenscheindauer/Tag
Jan.	20,5	23,4	17,7	55,0	52,0	7,5
Feb.	20,8	23,8	17,9	56,0	47,0	8,5
Mrz.	22,0	24,8	19,1	55,0	58,0	8,8
Apr.	23,8	26,4	21,2	56,0	99,0	9,3
Mai	25,6	28,0	23,3	59,0	164,0	9,1
Jun.	27,2	29,7	24,8	63,0	187,0	8,5
Jul.	28,0	30,6	25,4	64,0	171,0	8,4
Aug.	28,3	31,0	25,6	63,0	177,0	8,3
Sep.	27,6	30,0	25,1	65,0	241,0	7,3
Okt.	25,0	28,3	23,2	64,0	209,0	6,8
Nov.	23,2	25,8	20,7	60,0	72,0	7,5
Dez.	21,2	24,1	18,3	59,0	42,0	6,9

Das richtige Klima ist wichtig für die Gesunderhaltung der Pfleglinge.
Foto: S. Walter

Gesundheit

WIE alle Tiere können natürlich auch Rotkehlanolis verschiedene Erkrankungen bekommen. Als Erstes sind hier die **Innenparasiten** (Endoparasiten) zu nennen. Hierzu zählen vor allem Würmer und verschiedene Einzeller (Protozoen), die den Tieren zu schaffen machen. Ihr Vorhandensein ist meist der Grund für Nahrungsverweigerung und verändertes Verhalten. Die Anolis magern in der Folge stark ab und beginnen, immer teilnahmsloser auf einem Kletterast oder gar am Boden zu liegen. Der Kot ist meist von weicher Konsistenz und unnatürlicher Färbung. Der Kot eines gesunden Rotkehlanolis ist fest, tiefschwarz und enthält zusätzlich die gelblich weißen Harnbestandteile. Um Innenparasiten nachweisen und bestimmen zu können, muss eine Kotprobe von einem erfahrenen Tierarzt bzw. einer entsprechenden Untersuchungsstelle durchgeführt werden (Siehe: "Weitere Informationen"). Diese können dann auch die entsprechenden Medikamente in der richtigen Dosierung verordnen bzw. vorschlagen. Um eine Kotprobe zum Tierarzt zu bringen, eignen sich Filmdöschen sehr gut. In diese gibt man dann 2–3 Tropfen Wasser, damit die Probe während des Transports nicht austrocknet. Dann gibt man ein frisch abgesetztes Stück Kot hinzu und bringt es zur Untersuchung. Älterer und bereits ausgetrockneter Kot liefert keine aussagekräftigen Ergebnisse mehr und ist somit unbrauchbar. An dieser Stelle sei darauf hingewiesen, dass nahezu alle Wildfänge Innenparasiten aufweisen. Aus diesem Grund sollte stets eine Kotuntersuchung und bei positivem Befund eine Behandlung schon während der Quarantänezeit durchgeführt werden (s. oben). Während und nach einer Parasitenbehandlung sind Terrarium und Einrichtung gründlich zu reinigen und zu desinfizieren, damit eine erneute Ansteckung vermieden wird. Hier wird die Wichtigkeit einer Quarantäne deutlich.

Neben Parasiten, die im Tierkörper leben, gibt es auch solche, die sich von außen an den Anolis zu schaffen machen. Sie werden daher auch **Außenparasiten** (Ektoparasiten) genannt. Hierzu zählen Zecken und Milben. Während die großen schwarzen Zecken leicht erkannt und mittels Pinzette durch drehenden Zug entfernt werden können (auf vollständiges Entfernen achten!), ist das Ausmachen der winzigen Milben deutlich schwieriger. Sie halten sich an weichen Hautstellen wie Augenrändern, Achselhöhlen, Ohröffnungen und Kloakenregion auf. Bei genauem Hinsehen sind sie als winzige, meist rötliche Pünktchen zu erkennen. Sie schädigen den Wirt durch Blutentzug. Zu ihrer Behandlung werden im Fachhandel so genannte Milbensprays angeboten, die für die Milben tödlich, für die Rotkehlanolis aber unschädlich sind. Mit den oft verwendeten Insektenstrips oder dem Präparat „Neguvon" ist äußerste Vorsicht geboten. Beides kann bei falscher Anwendung zum Tod der Echsen führen. Hat man Milben entdeckt, müssen diese schnellstmöglich behandelt werden, damit sie sich nicht sprunghaft ausbreiten. Eine Komplettreinigung und Desinfektion des Terrariums ist deshalb unumgänglich, und alle austauschbaren Einrichtungsgegenstände sollten weggeworfen bzw. sicher desinfiziert werden. Die Anolis selbst werden mit dem Milbenpräparat gemäß Anweisung behandelt.

Als weitere Erkrankung ist die **Rachitis** (Knochenerweichung)

Gesunde Anolis zeigen ein aktives Verhalten und klettern gerne. Foto: S. Walter

bei der Aufzucht von Jungtieren zu nennen. Hierbei kommt es aufgrund von Vitamin- und Mineralstoffmangel zur Entmineralisierung des Knochengerüstes, und die Knochen werden weich und biegsam. Eine Rachitis führt ohne frühzeitige Behandlung zum Tode des betreffenden Tieres. Um eine Rachitis von vornherein zu vermeiden, ist eine regelmäßige und ausreichende Vitamin- und Mineralstoffversorgung sowie eine ausreichende Bestrahlung mit ultraviolettem Licht unverzichtbar. Zur Behandlung der bereits bestehenden Erkrankung sind verstärkte Kalziumgaben und intensive UV-Besrahlungen notwendig. Ein Tierarzt ist unbedingt zu Rate zu ziehen.

Weiterhin können beim Rotkehlanolis kleinere **Hautverletzungen** vorkommen, die z. B. durch Beißereien untereinander entstehen. Hier genügt es in aller Regel, die Verletzung mit einem Wund-Desinfektionsmittel wie Betaisodona-Lösung zu betupfen. Solche kleineren Wunden verheilen norma-

Voraussetzungen zur Nachzucht

UM Reptilien in Paarungs- und Fortpflanzungsstimmung zu bringen bzw. um die Bildung fertiler Spermien und Eizellen erst zu ermöglichen, sind bestimmte Stimulantien notwendig. Beim Rotkehlanolis sind eine Verringerung der Tageslänge und das Absenken der Temperaturen über einen bestimmten Zeitraum als Auslöser für die spätere Paarungsbereitschaft anzusehen. Die „Winterruhe“ sollte etwa für 8–10 Wochen durchgeführt werden. Dabei reduziert man die tägliche Beleuchtungsdauer von 12–14 Stunden schrittweise auf acht Stunden. Alle Heizelemente inklusive der Spotstrahler werden abgeschaltet, sodass im Terrarium Temperaturen von 18–20 °C vorherrschen. In der Nacht können diese sogar bis auf 15 °C absinken. Während der „Überwinterungszeit“ nehmen die Anolis nur noch sehr geringe Mengen an Futter zu sich. Deshalb ist eine optimale und ausreichende Ernährung in der Zeit vor der Überwinterung zu gewährleisten, damit die Tiere genügend Fettreserven anlegen können. Während der Winterruhe ist besonderes Augenmerk auf den Ernährungszustand der Anolis zu richten. Malerweise ohne Komplikationen. Sollte sich die Verletzung jedoch entzünden oder gar beginnen zu nässen, ist eine Antibiotikumbehandlung durch einen Tierarzt erforderlich.

Zu guter Letzt soll noch die psychogene **Legenot** erwähnt werden. Sollten die trächtigen Anolis-Weibchen keinen geeigneten Eiablageplatz im Terrarium vorfinden, so werden die Eier im Körper zurückbehalten. Nach einer gewissen Zeit ist eine Ablage der zurückbehaltenen Eier nicht mehr möglich, und das Weibchen verendet schließlich an Legenot. Eine Behandlung solch kleiner Echsen, wie dem Rotkehlanolis, ist sehr schwierig. Aus diesem Grund muss eine Legenot durch die Schaffung geeigneter Ablageplätze verhindert werden.

WICHTIG

In Zweifelsfällen muss man mit erkrankten Rotkehlanolis immer und möglichst frühzeitig beim reptilienkundigen Tierarzt vorstellig werden!

gern die Tiere in dieser Zeit zu stark ab, ist eine vorzeitige Beendigung der Winterruhe angezeigt. Ein deutliches und unverkennbares Zeichen einer ernst zu nehmenden Abmagerung ist das beginnende Einfallen im Bereich der Schwanzwurzel.

Die Tiere sollten zu Begin der Winterruhe in einem guten Pflegezustand sein. Foto: S. Walter

Paarungsverhalten

WERDEN im Frühjahr die Temperaturen und die Beleuchtungsdauer nach Beendigung der Winterruhe schrittweise wieder auf die normalen Werte gebracht, so sind die männlichen Rotkehlanolis kurze Zeit darauf bei intensivem Imponierverhalten gegenüber den Weibchen zu beobachten. Zu Beginn der Paarungsaktivitäten ist meist nur das Männchen aktiv. Es balzt die Weibchen bei jeder sich bietenden Gelegenheit mit maximal aufgespannter Kehlscheibe an. Hierzu wird die Kehlscheibe mittels des verlängerten Zungenbeins einige Male hintereinander aufgespannt und sofort wieder entspannt. In aller Regel führt das Männchen 3–4 „Pumpbewegungen" des Körpers in Verbindung mit einer Art Liegestützbewegung aus, worauf dann das einmalige Aufspannen der Kehlfahne folgt. Dieses Verhaltensmuster wird mehrere Male hintereinander ausgeführt, wobei das maximale Aufspannen der Kehlfahne meist nur beim ersten Mal erreicht wird und in der Folge immer weiter nachlässt, bis

Das Männchen nähert sich einem Weibchen...

das Männchen das Imponiergehabe schließlich beendet bzw. für kurze Zeit unterbricht. Das Aufspannen der Kehlfahne geschieht gewöhnlich in Verbindung mit ruckartigen Nickbewegungen des Kopfes und der erwähnten Liegestützbewegung mit dem Vorderkörper. Einige Tage später zeigen auch die Weibchen Paarungsinteresse und erwidern das Imponiergehabe der Männchen ebenfalls mit Nickbewegungen des Kopfes. Das Männchen verfolgt das Weibchen durch das Terrarium, was hin und wieder durchaus an eine Hetzjagd erinnert. Hat es das Weibchen erreicht, setzt es den Paarungsbiss im Nacken der Partnerin. Dies dient dazu, sich am Weibchen sicher festzuhalten. Sofort nach dem Nackenbiss legt das Männchen ein Bein über die Schwanzwurzel des Weibchens und führt seine Kloake an die des Weibchens. Rotkehlanolis besitzen wie alle Echsen ein paariges Begattungsorgan (zwei Hemipenes, Einzahl: Hemipenis), das im Ruhezustand in einer Art Hautfalte in der Unterseite des Schwanzansatzes verborgen liegt. Diese Hautfalten werden als „Hemipenistaschen" bezeichnet. Zur Begattung kommt immer der Hemi-

...und beginnt zu balzen. Fotos: J. Rauh

WUSSTEN SIE SCHON?

Meinen Beobachtungen zufolge reicht eine Begattung aus, damit die Weibchen über die ganze Saison befruchtete Eier legen können. Ein von mir nach der ersten Eiablage separiertes Weibchen setzte ohne weiteren Kontakt mit einem Männchen noch vier befruchtete Folgegelege ab, aus denen gesunde Jungtiere schlüpften. Wenn die Möglichkeit besteht, finden jedoch den ganzen Sommer über Paarungen statt. Die Fortpflanzungszeit dauert je nach Temperaturzyklus im Terrarium von März bis September. In dieser Zeit kann ein Weibchen im Schnitt alle 2-3 Wochen ein Gelege aus 1-2 weichschaligen Eiern absetzen. In der Regel werden pro Weibchen und Saison bis zu sechs Gelege im Bodengrund vergraben, was einer durchschnittlichen Eizahl von zehn Stück pro Saison entspricht.

penis zum Einsatz, der dem Weibchen am nächsten liegt. Er wird ausgestülpt und in die Kloakenöffnung des Weibchens eingeführt. Dabei zeigt das Männchen leicht pumpende Bewegungen. Die Kopulation dauert meist 5–10 Minuten. Während der Begattung ist es durchaus möglich, dass das Weibchen hin und wieder zu fliehen versucht und dabei das Männchen Huckepack durch das Terrarium trägt. Dieses zeigt sich dadurch in aller Regel wenig beeindruckt und lässt sich von seinen Paarungsaktivitäten nicht abbringen. Werden die Tiere bei der Kopulation jedoch vom Pfleger grob gestört, was schon durch das nähere Herantreten ans Becken oder durch das Öffnen der Terrarienscheiben der Fall sein kann, wird die Kopulation sofort beendet, und die Tiere flüchten blitzschnell. Nach der Begattung trennen sich die Partner wieder. Es kann noch einige Minuten dauern, bis das Männchen seinen Hemipenis wieder vollständig in die Hemipenistasche zurückgezogen hat.

Das Männchen leitet die Paarung ein. Foto: S. Walter

Rotkehlanolis bei der Paarung
Foto: S. Walter

Trächtigkeit und Eiablage

WAREN die Paarungsaktivitäten erfolgreich, ist bald die Trächtigkeit der Weibchen zu erkennen. Die Auswölbungen an den Flanken, die durch die heranwachsenden Eier entstehen, sind deutlich zu sehen. Während der Trächtigkeit sollte das Weibchen so viel Futter bekommen, wie es aufnehmen kann. In dieser Zeit müssen auch verstärkt Vitamine und Mineralstoffe angeboten werden, um den Eiern alle notwendigen Stoffe in ausreichender Menge mitzugeben. Wenige Tage vor der Eiablage gräbt das Weibchen an verschiedenen Stellen im Terrarium,

Trächtiges Weibchen, die Auswölbungen der Eier sind deutlich zu erkennen Foto: J. Rauh

Freigelegtes Rotkehlanolis-Ei Foto: J. Rauh

um den geeignetsten Eiablageplatz ausfindig zu machen, an dem ihm die Temperatur- und Feuchtigkeitsverhältnisse geeignet erscheinen, um das Gelege zum Schlupf zu bringen. Ist nun der Eiablagetag herangerückt, gräbt das Weibchen ausdauernd mit Hilfe der Vorder- und Hinterbeine eine mehrere Zentimeter tiefe Mulde in das Bodensubstrat. Hin und wieder wird auch die Schnauze zur Unterstützung der Grabtätigkeit eingesetzt. In diese Nistmulde legt das Weibchen 1–2 ovale, weiße und weichschalige Eier ab, die im Schnitt eine Länge von 7 mm aufweisen. Nach der Ablage wird die Nistmulde wieder sorgfältig zugeschüttet und das Erdreich mit der Schnauze leicht angedrückt.

Inkubation und Schlupf

DA die Eier der Rotkehlanolis im Vergleich zu einigen anderen Echsenarten nicht sehr empfindlich auf Klimaschwankungen reagieren, ist meist auch eine erfolgreiche Inkubation am Ablageplatz möglich, sofern Temperatur und Feuchtigkeit eine Eientwicklung zulassen. Dies zeigt sich daran, dass man immer wieder frisch geschlüpfte Anolis-Babys im Terrarium finden wird, obwohl man nicht einmal mitbekommen hatte, dass überhaupt Eier abgelegt wurden, oder man einfach ein Gelege nach der Eiablage nicht mehr ausfindig machen konnte, das deshalb am Ablageplatz verblieb. Eine potenzielle Gefahr sind hier jedoch z. B. Heimchen und Grillen, die mit ihren scharfen Kauwerkzeugen Eier anknabbern und damit zerstören können.

Die weitaus sicherere Methode ist natürlich die Zeitung der Eier in einem Brutapparat. Dazu werden die Gelege vorsichtig mit einem weichen Pinsel freigelegt. Sobald die weiße Eioberseite sichtbar wird, muss diese mit ei-

Eier des Rotkehlanolis in der Brutdose Foto: J. Rauh

nem Bleistiftkreuz markiert werden. Die Eier dürfen beim Herausnehmen auf keinen Fall gedreht werden. Was oben ist, muss oben bleiben. Ein Verdrehen der Eier würde zu deren Absterben oder einer Fehlentwicklung der Embryonen führen. Die Eier selbst müssen sich prall anfühlen. Weiche und gelbliche Eier sind nicht befruchtet und können weggeworfen werden. Bei der ersten Eiablage eines Weibchens sind die Eier meist noch nicht befruchtet.

Die Eier werden nun in eine Brutdose (z. B. eine leere Heimchendose) überführt, die mit feuchtem Vermiculit gefüllt ist. Dieses Tonmineral wird als spezielles Brutsubstrat für Reptilieneier angeboten und kann über den Terraristikfachhandel bezogen werden. Vermiculit hat die Eigenschaft, sehr gut Wasser zu speichern, und ist darüber hinaus noch sehr hygienisch. Natürlich können auch andere Brutsubstrate verwendet werden (Perlit, Sand-Erde-Gemisch etc.), ich habe bei der Inkubation von Rotkehlanolis-Eiern mit Vermiculit aber sehr gute Erfahrungen gemacht. Das Vermiculit wird mit lauwarmem Wasser angefeuchtet.

DER PRAXISTIPP

Die richtige Feuchtigkeit des Vermiculits ist erreicht, wenn beim Zusammendrücken eines Körnchens zwischen Daumen und Zeigefinger leicht Wasser hervorquillt, jedoch nicht herabtropft.

In das Vermiculit werden kleine Mulden gedrückt, in die die Eier gelegt werden. Die Mulden müssen in der Tiefe so bemessen sein, dass die Eier etwa zu 1/3 im Vermiculit vergraben sind. Die Eier werden im Abstand von etwa 2–3 cm in das Brutsubstrat gelegt, da sie während der Inkubation durch Flüssigkeitsaufnahme deutlich an Größe und Gewicht zulegen. Kurz vor dem Schlupf sind die Anolis-Eier auf eine Länge von 15–18 mm herangewachsen. Auch den Jungtieren muss später zum Schlupf genügend Freiraum zur Verfügung stehen.

Hat man die Eier nun behutsam in die Brutdose überführt, wird sie mit dem Deckel verschlossen, um die benötigte Feuchtigkeit zu halten. Die Dose muss nicht über Luftlöcher verfügen, es ist sogar einfacher, die Feuchtigkeit konstant einzustellen, wenn man darauf verzichtet. Der erforderliche

WUSSTEN SIE SCHON?
Bei vielen Echsen sind keine Geschlechtschromosomen vorhanden, sondern die Geschlechtsausprägung der Jungtiere ist von der Bruttemperatur abhängig. Beim Rotkehlanolis entwickeln sich im oberen Bereich der empfohlenen Inkubationstemperaturen mehr Männchen, bei niedrigeren Werten mehr Weibchen.

Gasaustausch findet bei der wöchentlichen Kontrolle durch Öffnen der Box statt. Die einfachste Möglichkeit, Rotkehlanolis-Eier zu erbrüten, ist das Aufstellen der Brutdose an einem warmen Ort, der die notwendigen Temperaturen zur erfolgreichen Eientwicklung bietet. Dies kann beispielsweise in unmittelbarer Nähe der Vorschaltgeräte der Terrarienbeleuchtung sein. Die sicherste und einfachste Methode ist jedoch das Verwenden eines entsprechenden Brutgerätes. Diese sind von verschiedenen Herstellern in diversen Ausführungen und Preisklassen im Handel erhältlich. Auch ein Eigenbau kann hier sehr gute Dienste leisten. In der Fachliteratur sind zahlreiche ausführliche Bauanleitungen zu finden. Die Bruttemperatur sollte bei 25–30 °C, im Mittel bei 28 °C liegen.

Die Luftfeuchtigkeit in der Brutdose sollte konstant bei ca. 70–80 % liegen. Alle zwei Wochen oder bei Bedarf öfter wird der Deckel der Dose kurz geöffnet, um die Substratfeuchtigkeit zu kontrollieren. Nötigenfalls muss am Rand der Dose nachgefeuchtet werden. Die Eier selbst dürfen nicht direkt mit Wasser in Berührung kommen.

Frisch geschlüpftes Jungtier in der Brutdose Foto: J. Rauh

Frisch geschlüpftes Jungtier im Größenvergleich Foto: J. Rauh

Durch das Öffnen der Dose wird auch der notwendige Gasaustausch sichergestellt. Im Verlauf der Inkubation wachsen die Eier, und es ist eine leichte Rosafärbung erkennbar. Diese ist ein deutliches Zeichen dafür, dass sich das Ei entwickelt. Bei einer Inkubationstemperatur von konstant 30 °C dauert es zwischen 35 und 40 Tage, bis die Jungtiere schlüpfen. Bei einer Inkubationstemperatur von nur 24 °C verlängert sich die Brutdauer auf 55–60 Tage.

Der Schlupf kündigt sich oft durch „Schwitzen“ und leichtes Eindellen der Eier an. Unter Schwitzen versteht man die Ansammlung kleiner Flüssigkeitströpfchen auf der Eischale. Um die Eischale zum Schlupf aufzuschlitzen, bedient sich das Anolis-Baby eines eigens dafür entstandenen Hilfsmittels, des Eizahns. Mit diesem winzigen Gebilde an der Schnauzenspitze wird die Eihülle von innen angeritzt. Danach streckt das Jungtier seinen Kopf oder wenigstens die Schnauze aus dem Ei hervor, um zu atmen.

In dieser Position kann es Minuten bis Stunden verharren, bis es dann letztendlich die schützende Eihülle vollständig verlässt. Schlüpflinge des Rotkehlanolis haben im Schnitt eine Gesamtlänge von 60 mm und sind sofort nach dem Schlupf auf sich alleine gestellt. Mit der Wahl eines geeigneten Eiablageplatzes hat die Mutter ihre „Fürsorgepflicht“ erfüllt. Manchmal kann es passieren, dass bei einem Jungtier der Dottervorrat noch nicht ganz aufgebraucht ist. Er ist dann an der Bauchseite deutlich sichtbar. Man setzt so ein Tier dann in eine separate Heimchendose, die mit feuchtem Küchenpapier ausgelegt ist, und stellt die Dose zurück in den Brutapparat. Der Dottervorrat wird in den nächsten 1–2 Tagen resorbiert, und dann kann das Jungtier in sein Aufzuchtterrarium gesetzt werden. Die Jungtiere gleichen in Aussehen und Färbung den adulten Weibchen.

Aufzucht der Jungtiere

UM Kannibalismus durch die Elterntiere zu vermeiden, ist die separate Aufzucht der Jungtiere in einem eigens dafür bereitgestellten Aufzuchtterrarium angezeigt. Dadurch ist auch eine bessere Kontrolle der Jungtiere möglich. Außerdem müssen die Futterinsekten ja der Größe der Anolis-Babys angepasst werden, was bei gemeinsamer Haltung mit den adulten Tieren nicht möglich wäre. Darüber hinaus lässt sich nur bei separater Haltung die regelmäßige Nahrungsaufnahme der Jungtiere kontrollieren. Außerdem sind die erwachsenen Exemplare bei der Futterjagd wesentlich schneller und geübter und würden den noch ungeübten und tollpatschigen Jungen das Futter buchstäblich vor dem Maul wegfressen.

Die Jungen können problemlos mit etwa gleich großen Geschwistern in Gruppen von 4–6 Tieren aufgezogen werden. Ich habe mehrfach beobachtet, dass in der Gruppe aufgezogene Jungtiere wesentlich besser fressen und daher schneller wachsen als einzeln untergebrachte. Ein fressendes Jungtier löst bei seinen Terrariengenossen eine Art Futterneid aus, was dazu führt, dass diese sich ebenfalls unverzüglich auf das angebotene Futter stürzen. Eine Einzelhaltung von Jungtieren ist nur dann ratsam bzw. erforderlich, wenn es sich hierbei um ein kleineres oder schwächeres Individuum handelt, das sich in der Gruppe nicht ausreichend durchsetzen kann und somit nicht genügend Futter abbekommt.

Als Aufzuchtterrarium für Rotkehlanolis eignen sich viele Behälterarten gut. So kann man die Kleinen etwa in den Kunstoffterrarien, die z. B. unter dem Namen „Fauna Box“ vertrieben werden, gut unterbringen. Auch umgebaute Kunststoffdosen in geeigneter Form und Größe sind denkbar. Hier müssen dann lediglich ausreichend Lüftungsflächen geschaffen werden. Dies geschieht am einfachsten durch Einstanzen kleiner Löcher mit einer Lochzange oder durch Ausschneiden von Flächen und anschließendes Bekleben mit Drahtgeflecht oder Aluminium-Lochblech. Maschenweite oder Lochdurchmesser müssen so gewählt werden, dass weder die Jungtiere noch die Futtertiere entweichen können. Ich selbst verwende zur Aufzucht meiner Rotkehlanolis kleine Glasterrarien mit Falltürscheiben in den Abmessungen 30 x 30 x 40 cm (Länge x Breite x Höhe). Hier lassen sich die Klimabedingungen am besten gewährleisten. Die Einrichtung erfolgt wie bei den erwachsenen Anolis, jedoch der Größe der Jungtiere angepasst. Dies gilt in besonderem Maße für die Abmessungen des Wassergefäßes. Hier wird am besten ein kleiner Blumentopf-Untersetzer mit einem Durchmesser von ca. 5 cm verwendet. Der Bodengrund ist mit einer Höhe von etwa 2 cm ausreichend. Klima- und Lichtverhältnisse werden wie bei den Elterntieren gewählt. Eine wärmere Haltung bringt nur Nachteile und hat deshalb zu unterbleiben. Zum Beheizen kann man das Aufzuchtterrarium auf eine schwache Heizmatte stellen. 6 Watt sind für derart kleine Behälter völlig ausreichend. Zur Beleuchtung wird eine Leuchtstoffröhre (Tageslicht) über das Aufzuchtterrarium gelegt. Die Verwendung eines Reflektors ist empfehlenswert. Mehrere Aufzuchtterrarien können nebeneinander gestellt und mit einer Röhre beleuchtet werden. Gerade für Jungtiere ist eine UV-Licht-Bestrahlung besonders wichtig, um einer Rachitis vorzu-

Im Terrarium geschlüpftes Jungtier Foto: J. Rauh

DER PRAXISTIPP

Jungtiere, die im Elternterrarium geschlüpft sind, sollte man sofort herausfangen und in das Aufzuchtterrarium setzen, sobald man sie entdeckt. Das Einfangen der winzigen und äußerst flinken Babys aus einem großen, eingerichteten und bepflanzten Terrarium gestaltet sich oft sehr schwierig und fordert viel Geduld vom Pfleger. Das Ergreifen der Tiere sollte beherzt, aber dennoch behutsam geschehen, um keine Verletzungen zu verursachen. Grundsätzlich sollte man Rotkehlanolis nicht unnötig lange in den Händen halten, da das Fett unserer Haut die Haftwirkung der Haftpolster beeinträchtigt. Im schlimmsten Fall dauert es dann bis zur nächsten Häutung, bis sich der Anolis wieder normal an glatten Flächen fortbewegen kann.

beugen. Deshalb verwendet man hier UV-Licht abstrahlende Leuchtstoffröhren, die aber erst ab einer Länge von 45 cm erhältlich sind. Da Glas UV-Licht herausfiltert, muss die Lampe dann über den Lüftungsflächen im Deckel liegen. Es gibt jedoch auch UV-Röhren in Form von Energiesparlampen. Diese haben eine Leistung von 9 Watt und sind auch in Kleinstbehältern gut einsetzbar.

Im Inkubator geschlüpfte Jungtiere sollten bald nach dem Schlupf, spätestens jedoch nach Abschnürung des Dotterrestes, in ein Aufzuchtterrarium umgesetzt werden. Bei zu lange in der Brutdose verbleibenden Jungen kann es passieren, dass sie beim Umherlaufen oder Graben andere Eier in ihrer Lage verändern und dadurch schädigen.

Der Zeitpunkt der ersten Nahrungsaufnahme ist von Jungtier zu Jungtier sehr unterschiedlich. Es gibt Exemplare, die wenige Stunden nach dem Umsetzen in das Aufzuchtterrarium bereits Futter annehmen, andere wiederum beginnen erst nach bis zu fünf Tagen zu fressen. Dies hängt mit der Menge des verbliebenen Dottervorrats zusammen. Der übrige Dotterrest wird wenige Tage vor dem Schlupf in die Bauchhöhle des schlupfreifen Jungtieres aufgenommen. Nach Verlassen der Eihülle zehrt der kleine Rotkehlanolis so lange von diesem Vorrat, bis er vollständig aufgebraucht wurde. Erst dann sind die Jungtiere auf die Aufnahme von Futter angewiesen.

In der ersten Woche fressen die Jungtiere meist nur, wenn sie ihre Ruhe haben, und nicht, wenn man sie beobachtet. Verweigert ein Tier die Nahrungsaufnahme kategorisch, sollte man es mit Abwechslung im Speiseplan versuchen. Solche Problemfälle nehmen bei mir fast immer kleine Wachsmaden an. Ein weiterer Trick ist das Vorhalten des Futters mit einer Pinzette. Mit dem Futtertier wird nun leicht die Schnauze des Anolis angetippt. In den meisten Fällen schnappt er aufgrund der Abwehrreaktion danach, und wenn er das Futter erst einmal zwischen den Kiefern hat, wird es erfahrungsgemäß auch gekaut und geschluckt. Zu dieser Fütterungsmethode ist allerdings etwas Übung erforderlich. In ganz hartnäckigen Problemfällen sollte man sich um die Hilfe eines erfahrenen Terrarianers bemühen, der einem Anfänger gerne weiterhelfen wird.

In meinen Aufzuchtterrarien ist ständig Futter vorhanden, sodass die Jungen jederzeit fressen können. Das Einstäuben der Insekten mit Vitaminen und Mineralstoffen ist unbedingt bei jeder Fütterung durchzuführen. Die erste Häutung findet entweder direkt im Anschluss an den Schlupf statt oder aber wenige Tage danach. Sind die Jungtiere etwa 10 cm groß, können sie das Aufzuchtterrarium verlassen und in einem normalen Behälter weiter gepflegt werden. Sobald das Territorialverhalten der Männchen untereinander sichtbar wird, müssen diese unbedingt getrennt werden. Bei guter Haltung und Fütterung können die Jungtiere bereits nach sieben Monaten die Adultgröße erreichen und selbst wieder für Nachwuchs sorgen.

DER PRAXISTIPP

Ich gebe immer erst einen Tag nach dem Schlupf erstes Futter in das Aufzuchtterrarium. Damit habe ich gute Erfahrungen gemacht. Die meisten Schlüpflinge nehmen dann schon bereitwillig die Nahrung an. Für die Erstfütterung reiche ich kleine Heimchen in der Größe von bis zu 5 mm. Diese werden abgezählt, damit man am Tag darauf nachzählen kann, ob und wie viele gefressen wurden. Für 1-2 Jungtiere gebe ich etwa 10-15 kleine Heimchen in einen Behälter mit der Grundfläche von 30 x 30 cm.

Zweckmäßig eingerichtetes Aufzuchtterrarium Foto: J. Rauh

Weitere Informationen

ZUR Vertiefung der in diesem Buch gegebenen Informationen und zum gründlichen Einblick in terraristische und herpetologische Themenbereiche empfehlen sich die Mitgliedschaft in einem Verein gleich gesinnter Terrarianer sowie ein intensives Literaturstudium. Die folgenden Auflistungen sollen dabei behilflich sein, einen Einstieg in die Thematik zu finden, können aber natürlich nur einen kleinen Ausschnitt aufzeigen.

Vereine und Interessengruppen

Die Deutsche Gesellschaft für Herpetologie und Terrarienkunde (DGHT; www.dght.de; DGHT e.V., Postfach 1421, 53351 Rheinbach, Tel.: 02225-703333, E-Mail: gs@dght.de) ist die weltweit größte Gesellschaft ihrer Art und bringt Wissenschaftler und Hobbyherpetologen zusammen. Mitglieder erhalten verschiedene herpetologisch/terraristische Zeitschriften.

Innerhalb der DGHT existiert die AG Iguana, die sich auch mit Rotkehlanolis beschäftigt. Sie gibt eine eigene Zeitschrift heraus („Iguana-Rundschreiben") und veranstaltet jährliche Fachtagungen. Kontakt: Heiko Werning, Seestr. 101, D-13353 Berlin, Tel.: 030-4534244, E-Mail: redaktion-reptilia@ms-verlag.de. Gleichgesinnte Anolis-Halter treffen Sie über die Homepage www.saumfinger.de.

Imponierendes Männchen des Rotkehlanolis Foto: S. Walter

Zeitschriften

- REPTILIA, TERRARIA

Terraristik-Fachmagazine
erscheinen je sechs Mal jährlich
Natur und Tier - Verlag GmbH
An der Kleimannbrücke 39/41
48157 Münster
Tel.: 0251-133390
E-Mail: verlag@ms-verlag.de
www.reptilia.de

- DRACO

Terraristik-Themenheft
erscheint vier Mal jährlich
Natur und Tier - Verlag, s. o.

- Sauria

Terraristik und Herpetologie
erscheint vier Mal jährlich
Terrariengemeinschaft Berlin e.V.
Bruno Treu, Christstr. 10
14059 Berlin
E-Mail: abo@sauria.de
www.sauria.de

- DATZ

Die Aquarien- und Terrarien-Zeitschrift
erscheint monatlich
Verlag Eugen Ulmer
Wollgrasweg 41
70599 Stuttgart
www.datz.de

Untersuchungsstellen

Kotproben, Sektionen und andere Untersuchungen können von spezialisierten Tierärzten oder von veterinärmedizinischen Untersuchungsstellen, die es in vielen Städten gibt, vorgenommen werden. Eine Liste mit Tierärzten, die sich mit Reptilien und Amphibien beschäftigen, kann über die DGHT bezogen oder auf www.dght.de eingesehen werden.
Überregional bekannt sind z. B. folgende Einrichtungen:

- Exomed

Erich-Kurz-Str. 7
10319 Berlin
Tel.: 030-5112008
E-Mail: labor@exomed.de
www.exomed.de

- Universität München

Institut für Zoologie, Fischereibiologie und Fischkrankheiten der tierärztlichen Fakultät
Kaulbachstr. 37
80539 München
Tel.: 089-2180-2687
E-Mail: office@zoofisch.vetmed.uni-muenchen.de
www.vetmed.lmu.de/zoofisch/

- Chemisches und Veterinäruntersuchungsamt Ostwestfalen-Lippe

Westerfeldstr. 1
32758 Detmold
Tel.: 05231-9119
E-Mail: poststelle@svua-detmold.nrw.de
www.cvua-owl.nrw.de

- Vet Med Labor GmbH

Mörikestraße 28/3
71636 Ludwigsburg
Tel.: 01802-838633
E-Mail: info@vetmedlabor.de
www.vetmedlabor.de
(für privat nur über Ihren Tierarzt)

Weiterführende und verwendete Literatur

Bücher

BEHLER, J.L. & F.W. KING (1985): The Audubon Society Field Guide to North American Reptiles and Amphibians. – 3. Aufl., Chanticleer Press, New York, 556 S.

CONANT, R. & J.T. COLLINS (1998): Reptiles and Amphibians. Eastern/Central North America. – Peterson Field Guides, 3. Aufl., Houghton Mifflin, 616 S.

FLÄSCHENDRÄGER, A. & L. WIJFFLES (1996): Anolis. – Natur und Tier - Verlag, Münster, 207 S.

FRIEDERICH, U. & W. VOLLAND (1998): Futtertierzucht.– Ulmer Verlag, Stuttgart, 192 S.

HENKEL, F.-W. & W. SCHMIDT (1997): Terrarien, Bau und Einrichtung.– Ulmer Verlag, Stuttgart, 178 S.

HESELHAUS, R. & M. SCHMIDT (1990): Karibische Anolis.– Natur und Tier - Verlag, Münster, 88 S.

HUNZIKER, R. (1996): Rotkehlanolis im Terrarium. – bede, Ruhmannsfelden, 64 S.

KÖHLER, G. (1996): Krankheiten der Amphibien und Reptilien.– Ulmer Verlag, Stuttgart, 169 S.

– (1997): Inkubation von Reptilieneiern.– Herpeton Verlag, Offenbach, 205 S.

NIETZKE, G. (1998): Die Terrarientiere, Band 2 – Echsen.– Ulmer Verlag, Stuttgart, 400 S.

RAUH, J. (2000): Grundlagen der Reptilienhaltung. – Natur und Tier - Verlag, Münster, 215 S.

ROGNER, M. (1992): Echsen 1. – Ulmer Verlag, Stuttgart, 281 S.

SCHWARZ, B. & W. SCHWARZ (2001): Bromelien, Orchideen und Farne im Tropenterrarium.– Natur und Tier - Verlag, Münster, 96 S.

WILMS, T. (2004): Terrarieneinrichtung. – Natur und Tier - Verlag, Münster, 124 S.

Zeitschriften

BECH, R. (1979): Anolis im Terrarium. – AT, Berlin, 26(11): 385–392.

FLÄSCHENDRÄGER, A. (2001): Was sind Anolis und wo leben sie? – REPTILIA, Münster, 6(1): 16–20.

FORMAN, F. (1970): *Anolis carolinensis,* Haltung und Zucht. – DATZ 23(9): 280–282.

Fürst, U. (1980): Besonderheiten im Verhalten von *Anolis carolinensis* im Terrarium. – herpetofauna 2(9): 24–26.

NEHRING, H. (1970): Artisten im Terrarium und ihre Kinder, Pflege und Zucht von *Anolis carolinensis.* – Aquarien-Magazin 1970(4): 38–41.

WIFFELS, L.C.M. (2001): Die aufspannbare Kehlhaut der Anolis. – REPTILIA, Münster, 6(1): 35–43.